アイオニック

Ionicで作る モバイルアプリ制作入門

Web/iPhone/Android対応

榊原昌彦● 著

C&R研究所

■権利について

- 本書に記述されている社名・製品名などは、一般に各社の商標または登録商標です。
- 本書では™、©、®は割愛しています。

■本書の内容について

- 本書は著者・編集者が実際に操作した結果を慎重に検討し、著述・編集しています。ただし、本書の記述内容に関わる運用結果にまつわるあらゆる損害・障害につきましては、責任を負いませんのであらかじめご了承ください。
- 本書についての注意事項などを5 ～ 6ページに記載しております。本書をご利用いただく前に必ずお読みください。

■サンプルについて

- 本書で紹介しているサンプルコードは、GitHubからダウンロードすることができます。詳しくは6ページを参照してください。
- サンプルコードの動作などについては、著者・編集者が慎重に確認しております。ただし、サンプルコードの運用結果にまつわるあらゆる損害・障害につきましては、責任を負いませんのであらかじめご了承ください。
- サンプルコードは、MITライセンスに基づき、利用・配布してください。

●本書の内容についてのお問い合わせについて

この度はC&R研究所の書籍をお買いあげいただきましてありがとうございます。本書の内容に関するお問い合わせは、「書名」「該当するページ番号」「返信先」を必ず明記の上、C&R研究所のホームページ(http://www.c-r.com/)の右上の「お問い合わせ」をクリックし、専用フォームからお送りいただくか、FAXまたは郵送で次の宛先までお送りください。お電話でのお問い合わせや本書の内容とは直接的に関係のない事柄に関するご質問にはお答えできませんので、あらかじめご了承ください。

〒950-3122 新潟県新潟市北区西名目所4083-6　株式会社 C&R研究所　編集部
FAX 025-258-2801
『Ionicで作る モバイルアプリ制作入門』サポート係

PROLOGUE

HTMLがアプリになる時代がやってきた

Webサイトが作れれば、モバイルアプリを作ることができる時代がやってきました。

HTMLをスマホアプリに変換する技術は、2009年にカナダのNitobi社によって開発されました。現在は「Apache Cordova」という名前でオープンソースとして公開されており、これを利用すればApp Store(iPhone/iPad)やGoogle Play(Android)でアプリを配信することができます。

処理が遅いといわれていた時代もありましたが、今ではJavaScriptの高速化やデバイスのスペックの向上により、Swift(iOS)やJava(Android)で書いたネイティブアプリと遜色のない速度を出すことができます。

また、ブラウザからアクセスするWebでもスマホアプリ同等のUX(ユーザ体験)を提供することができるようになりました。今までスマホアプリでしか実現できなかった、Push通知やオフライン環境でのWebの表示、GPSの高精度補足といった機能をWebでも提供できるようになりました。

HTMLで作ったアプリは「HTML5アプリ」と呼ばれています。ソースコードひとつでWebはもちろんのこと、iOS/Androidと複数展開できることが大きな特徴で、今までのように「WebはHTML、iOSはSwift、AndroidはJava」というようにそれぞれの言語別に開発する必要はありません。

◉複数展開

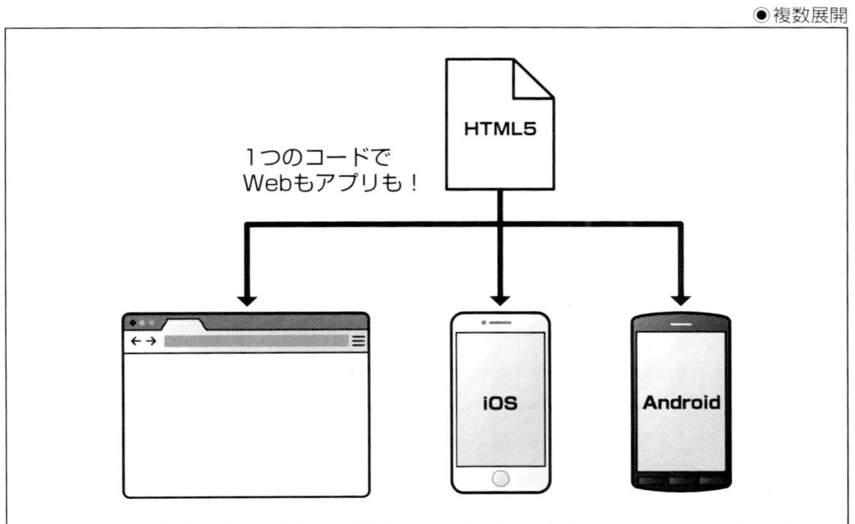

すでに海外ではHTML5アプリは当たり前のものです。Ionic Teamが実施した「2017 Developer Survey」によると、現在ネイティブアプリの開発をしている開発者の3割は、今後2年間でHTML5アプリに舵を切るとしています。

本書内で紹介しているように、国内の有名企業もHTML5アプリでアプリをリリースしはじめています。今、HTML5アプリの開発を学ぶことは、あなたのキャリアであったり、プロダクトを大きく育てるチャンスです!

さぁ、アプリを作ろう

HTMLはWebページを作るだけのものではありません。iOS/Androidアプリを作ることができ、Webでもスマホアプリと同等のUXを提供することができる、とても使い勝手のいいツールです。新しい言語をゼロから覚えなくても、HTMLさえできれば、アプリ開発者になれる時代がきたのです。

本書で紹介する「Ionic(Ionic Framework)」は、モバイルアプリを最短距離で作るためのHTML5アプリ開発フレームワークです。

筆者のまわりでは、jQueryを多少触るWebデザイナーがIonicを利用してアプリをリリースした事例もあり、決して高すぎるハードルではありません。

ぜひ本書を手にとったことをきっかけに、HTML5でアプリ開発をはじめてもらえればと思います。

2017年12月

榊原 昌彦

本書について

本書の想定する読者

本書は、HTMLやJavaScriptに触れた経験のある読者を想定しています。HTMLやJavaScriptなどの基礎的な知識については説明を省略していますので、ご了承ください。

本書の内容について

本書の情報は、2017年12月20日現在のものです。ソフトウェアのバージョンアップにより、本書記載のコードそのままでは動作しない可能性があります。

特に現行バージョンはv3となりますが、2018年には、Ionic v4のリリースが予定されており、現時点では、次の変更がIonic社よりアナウンスされています。

```
<button ion-button> // Ionic v3
<ion-button> // Ionic v4
```

本書の内容はv4でも活用できる見通しですが、v4対応の変更点であったり、誤字脱字についてはGitHubを利用して、下記のURLで公開しておりますのでご利用ください。

URL https://github.com/Ionic-jp/handbook

なお、本書執筆時のIonic Frameworkのバージョンはionic-angular 3.9.2です。

必要とする開発環境

本書で紹介しているすべての内容を試すためには、macOSが必要になります。WindowsではiOSアプリのリリースはできないためです。ご了承ください。

なお、Windowsの場合でも、Webアプリ/Androidアプリのリリースは、問題なくお試しいただけます。

本書でも操作画面について

本書で紹介している操作画面などは、macOSを基本にしています。また、チュートリアルでのプレビュー画面では、macOSのGoogle Chrome(https://www.google.co.jp/chrome)のDeveloperモードで、iPhone 6 Plusのシミュレーション画面を基本にしています。他の環境では画面のデザインや操作方法が異なる場合がございますので、あらかじめご了承ください。

本書の表記について

本書の表記に関する注意点は、次のようになります。

▶ソースコードについて

チュートリアルでは、ソースコードの削除・加筆をそれぞれ「-」「+」をつけて記述しています。たとえば、次のコードでは、<ion-app></ion-app>を削除して、<ion-app>Loading...</ion-app>を追記することを表しています。

SAMPLE CODE src/index.html

```
  <body>
    <!-- Ionic's root component and where the app will load -->
-   <ion-app></ion-app>
+   <ion-app>Loading...</ion-app>
```

左部についている「-」「+」は指示記号であり、ソースコードに入力するわけではありません。

▶ソースコードの中の▼について

本書に記載したサンプルプログラムは、誌面の都合上、1つのサンプルプログラムがページをまたがって記載されていることがあります。その場合は▼の記号で、1つのコードであることを表しています。

▶本書での用語について

以前は「ハイブリッドアプリ(Hybrid Apps)」と呼ばれていましたが、最近ではWeb/iOS/Androidなどをまとめて HTML5で作成するので「HTML5アプリ」といわれることが多く、本書では「ハイブリッドアプリ」の名称は使っていません。

本書では、SwiftやJavaなどのネイティブ言語で書かれたアプリを「ネイティブアプリ」、App Store/Google Playで配信するアプリを「スマホアプリ」としています。

▶フォルダ名/ファイル名について

本書ではフォルダを表す場合、「dev/」など、末尾に「/」をつけて表記しています。

また、ファイルを表す場合、「/」で区切ってフォルダの階層を示しています。たとえば、「src/index.html」という表記は、「src」フォルダ内の「index.html」を表しています。

サンプルコードの利用方法について

本書で紹介しているサンプルコードについては、筆者のGitHubから取得することができます。下記のURLを参照してください。

URL https://github.com/Ionic-jp/handbook

CONTENTS

CHAPTER 01

HTML5アプリ開発フレームワーク「Ionic」

CHAPTER 02

Ionicの始め方と便利な機能

CHAPTER 03

Ionicの基本とはじめての開発

CHAPTER 04

外部リソースを使ってアプリを便利にしよう

CHAPTER 05

きれいなコードで明日の自分を助けよう

CHAPTER 06

スマホアプリ開発実践

CHAPTER 07

テスト自動化実践

CHAPTER 08

実践Tips

APPENDIX

Ionic CLIと開発支援サービス

CHAPTER 01

HTML5アプリ開発フレームワーク「Ionic」

SECTION-001

Ionicの概要

Ionicは、Google社の「Angular」というアプリケーションフレームワークをベースに、HTML5アプリの開発に特化して作られたフレームワークです。

Angularをベースにすることで便利な機能や最新技術のキャッチアップをする一方で、オリジナルのUIコンポーネントや、ルーティング/ページ遷移時のアニメーション、スマホアプリとしてカメラなどのネイティブ機能にアクセスするといったオリジナルの機能が追加されています。

本章では、その具体的な特徴についてご紹介します。

- Ionicの公式サイト

URL https://ionicframework.com/

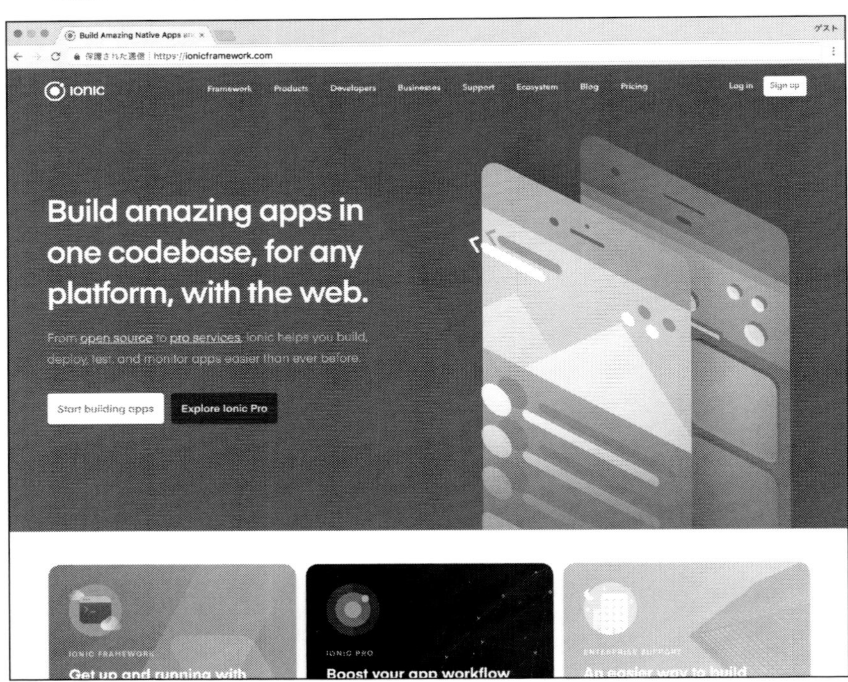

特徴① つい使いたくなるiOS/Android別の美しいUIデザイン

Ionicを採用している多くのユーザが「UIコンポーネントの出来が素晴らしいのでIonicを使う」と答えるほど、美しいUIコンポーネントが揃っています。

IonicのUIコンポーネントの特徴として、同じコンポーネントでも、iOSから見た場合はフラットデザインでの表示、Androidから見た場合はマテリアルデザインでの表示と、それぞれのガイドラインに沿ったデザインが表示されます（下図の2つは同じコードです）。

●iOSとAndroidでのデザインの比較

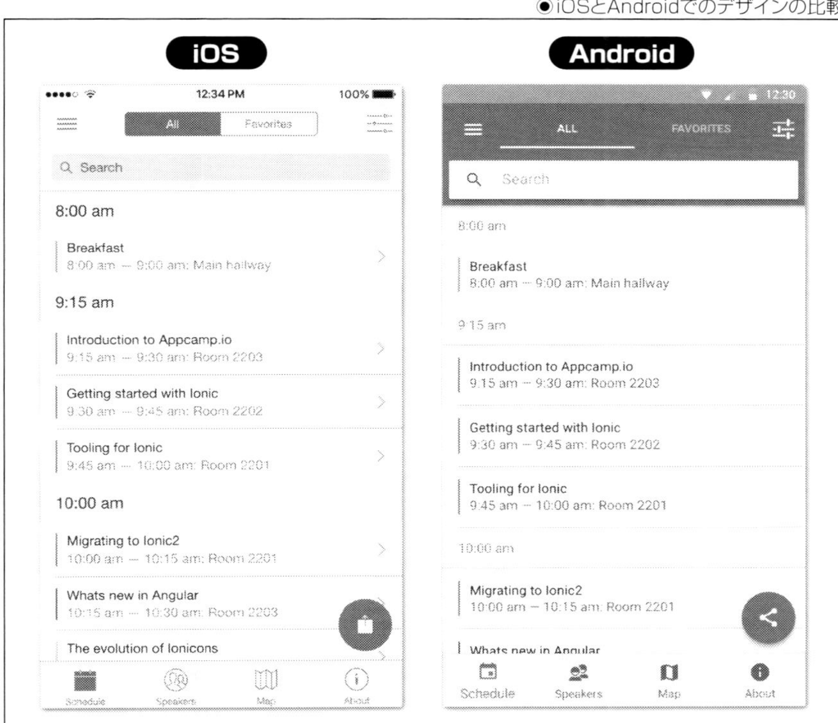

UXを高める王道に「ユーザが学習したUIを提供して迷わせない」という方法があります。PCからみるWebサイトで、左上にロゴを配置し、それをクリックしたらトップページへ遷移するのはその代表的な例です。

スマホアプリの場合は、iOSではフラットデザイン、Androidではマテリアルデザインを使うことが、それぞれのインターフェイスガイドラインでも推奨されており、それを外すとユーザに「使いにくい」と思われてしまいます。

しかし、現実問題として1つのコンポーネントで2通りずつのデザインを用意し、さらにマテリアルデザインのボタンクリックのエフェクトのようなものを実装していくのは現実的ではありません。

Ionicではそれがデフォルトで用意されており、デバイスを自動的に識別して最適なデザインを表示することができます。また、HTML5アプリには難しいといわれていた快適（60fps）な無限スクロールも提供しており、美しいだけではなく、ハイパフォーマンスな処理も可能です。

特徴② SPA(Single Page Application)開発パッケージ

Ionicは、CSSフレームワークのようにUIデザインを提供するだけではなく、「**SPA(Single Page Application)**」の開発パッケージでもあります。

「HTMLでアプリを作る」といっても、普段、作っている(であろう)ランディングページや、WordPressのテンプレートがそのままアプリになるわけではありません。アプリにするためには、SPAという単一ページで構成する手法で開発する必要があります。

SPAでは、`***.jp/about`や`***.jp/company`といったページ遷移を行いますが、ブラウザが読み込むHTMLファイルは`index.html`の1つです。

こう説明すると難しく感じるかもしれませんが、種は簡単です。コンテンツの中身をJavaScriptで書き換えて、ページ遷移したように表示するのです。コンテンツだけではなくURLもJavaScriptで書き換えます。jQueryプラグインでも、スライダーなどがありました。それがもっと本格的になったものだと思ってください。

ページ遷移ごとに画面の再読込が行われませんので、「音楽を流しながらブラウジングする」など、ブラウザの制約に縛られないUXを提供することができます。GmailやTwitterといった有名プロダクトもSPAで作られています。SPAの登場により、Webのアプリ化が進みました。

Ionicは、SPAの開発パッケージであり、コマンドひとつでテンプレートを用意し、ライブプレビューやSPAのチューニングを行うための仕組みを持っています。

▶ Webをアプリ化するためのPWA(Progressive Web Apps)を標準サポート

近年さらにWebをアプリとして便利にする「**PWA(Progressive Web Apps)**」という仕組みが生まれました。

PWAは、Googleが提唱したもので、Webでネイティブアプリと同等のUXを提供するために、SPAを進化させるものです。ブラウザ上でWebアプリの表示とは別にバックグラウンドで実行する「Service Worker」という技術を利用することで、オフラインでもページ表示することができるオフラインキャッシュ機能の提供やPush通知を行うことができます。PWAでPush通知が可能になったことは、多くの開発者の注目を集めています。

また、スマホのGPS機能を使った「現在地表示」や「移動の補足」もWebで実装することができるようになりました。

PWAは「アプリストアによらないアプリ配信」ともいわれます。iOS/Androidアプリをリリースするときのように審査は必要なく、ユーザもわざわざアプリストアにいってダウンロードする必要がなくなります。最近では、TwitterがPWAで「Twitter Lite」(https://lite.twitter.com)をリリースし、ネイティブアプリをインストールせずとも同等の利用ができることが話題になりました。

Ionicでは、Webをアプリ化するためのPWAを標準サポートしています。

特徴③　スマホアプリに変換する機能が標準装備

Ionicは、「Apache Cordova」（以下、Cordova）というHTML5アプリをiOS/Androidアプリとしてコンパイルする仕組みをサポートしています。これを利用することによって、HTML5で作ったアプリをWebだけではなく、iOSアプリ、Androidアプリとしてもリリースできます。

Cordovaのプラグインを使うことによって、カメラやPush通知、決済といったネイティブのAPIも利用することができます。

◉HTML5とCordovaの関係

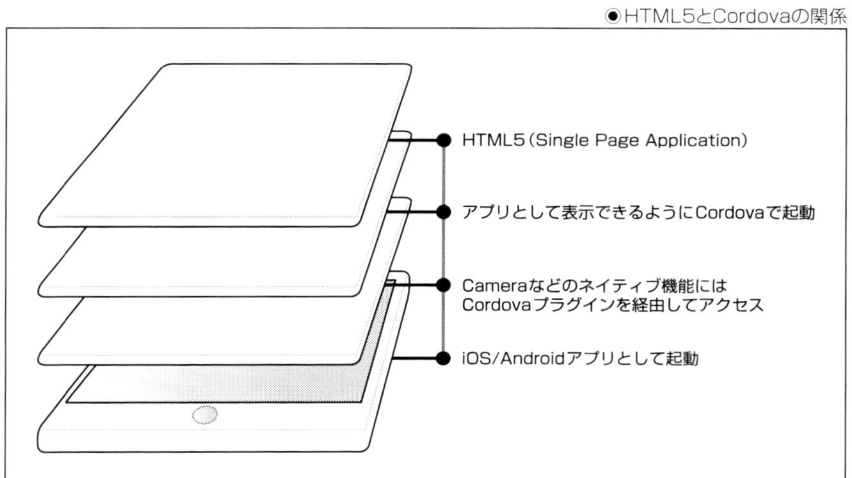
HTML5 (Single Page Application)
アプリとして表示できるようにCordovaで起動
Cameraなどのネイティブ機能には
Cordovaプラグインを経由してアクセス
iOS/Androidアプリとして起動

「Ionic Native」というCordovaプラグインとIonicを簡単につなぐことができるAPIも用意されており、Web/iOS/Androidの複数展開のハードルは下がりました。

Ionicでは、これを「**Redefining a great UX（すぐれたUXの再定義）**」としています。多くのアプリでは開発者の都合で「Webアプリとしてリリース」「iOSアプリだけでの提供」とデバイスを限定しがちで、ユーザは限定されたデバイスの中でしかアプリを利用することはできませんでした。また、Web/iOS/Androidとすべてのデバイスで提供しようと思うと、多くの開発・運用リソースが求められました。

しかしながら、IonicとCordovaを利用することで、1リソース複数デバイス展開が可能となり、ユーザに選択肢が生まれます。「まずはWebで試してみて、気に入ったらアプリをインストールする」といった行動も生まれ、アプリを通した新しいUXをIonicを利用することで生み出すことができます。

SECTION-002

Ionicを採用している国内プロダクト

Ionicで開発された国内プロダクトは多くありますが、ここでは分野の異なるプロダクトを4つ紹介します。

ゲーマガ(ゲームアプリ)

「ゲーマガ」はニコニコ動画で有名なドワンゴ株式会社が運営する連載型ゲーム配信サイト「電ファミニコゲームマガジン」のゲームを無料で遊ぶことができます。4コマ漫画の掲載などもしており、リリース後、4日間で100万PVのあった人気アプリです。

- アプリ名……………ゲーマガ
- URL…………………gamemaga.denfaminicogamer.jp
- リリース日…………2017年8月4日
- 対応端末……………iOS／Android
- 価格…………………無料

●ゲーマガ(iOS)

●ゲーマガ(Android)

TechFeed(キュレーションアプリ)

「TechFeed」は、株式会社オープンウェブ・テクノロジーが運営する、テクノロジー情報に特化した情報キュレーションアプリです。ユーザごとにさまざまな技術ごとの関心度を使用履歴から算出し、個別に最適な記事を提案します。

- アプリ名……… TechFeed
- URL……………… techfeed.io
- リリース日……… 2016年7月28日
- 対応端末……… Web/iOS/Android
- 価格……………… 無料

●TechFeed(iOS)

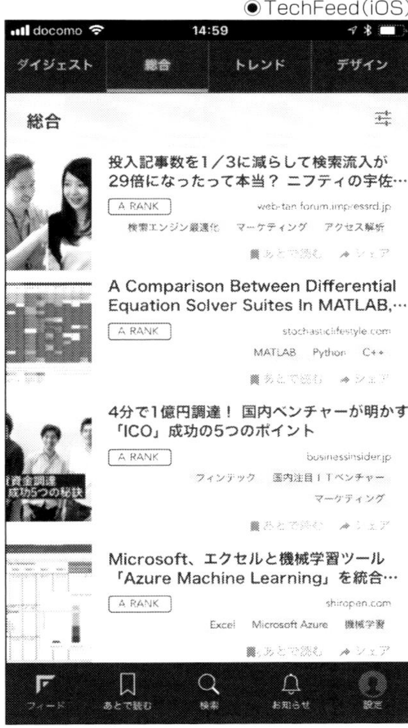

●TechFeed(Android)

Hibee(ライフログアプリ)

「Hibee」は、エキサイト株式会社が運営する、複数のSNSに投稿したアクティビティログを集め、振り返り、まとめるアプリです。Facebook、Twitter、Instagramにおける自身のアクティビティをまとめて新しいコンテンツを作ることができます。

- アプリ名………Hibee
- URL……………www.hibee.me
- リリース日……2017年3月31日
- 対応端末………Web／iOS／Android
- 価格……………無料

◉Hibee(iOS)

◉Hibee(Android)

AreaInnovationReview(メディアアプリ)

「AreaInnovationReview」は、一般社団法人エリア・イノベーション・アライアンスが運営する、まちづくりをテーマにビジネス情報を発信する地方創生メディアです。5年以上続くジャーナルがメディアアプリ化されました。まちビジネスのプロである編集長・木下斉をはじめとして、その他、実践家・専門家の切れ味鋭いコラムを配信しています。

- アプリ名………AreaInnovationReview
- URL……………air.areaia.jp
- リリース日……2017年9月7日
- 対応端末………Web/iOS/Android
- 価格……………無料

●AreaInnovationReview(iOS)

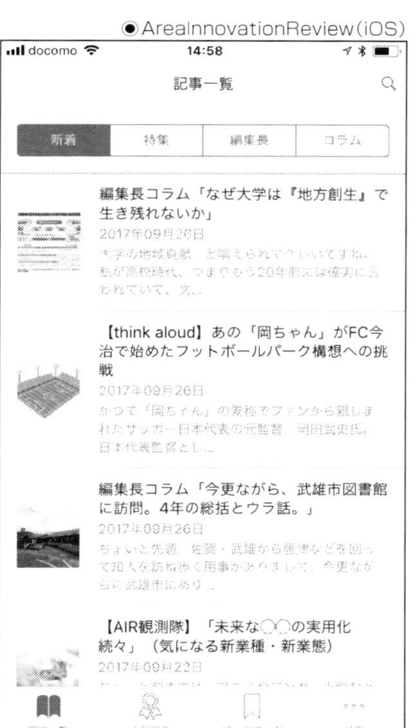

●AreaInnovationReview(Android)

SECTION-003

コマンドラインの操作を覚えよう

ここでは、Ionicの利用するために必要なコマンドラインの基本操作について説明します。

Ionicに限らず、最近のWeb/アプリ開発では**コマンドライン**を使う場面が増えました。すごいハッカーが使うような難しいイメージがありますが、本書で扱う内容は数文字を打つだけでインストールから開発用ブラウザの起動まで自動的にこなしてくれたりと便利なコマンドばかりです。

また、「パソコン自体を壊してしまいそうで……」とよく聞きますが、そういうコマンドこそハッカーのようにシステムに精通していないとそもそも実行できませんのでご安心ください。

Ⅲ ターミナル／コマンドプロンプトの起動

macOSの場合は、「アプリケーション」フォルダ内にある「ユーティリティ」フォルダから「**ターミナル**」をダブルクリックします。

●ターミナルの起動

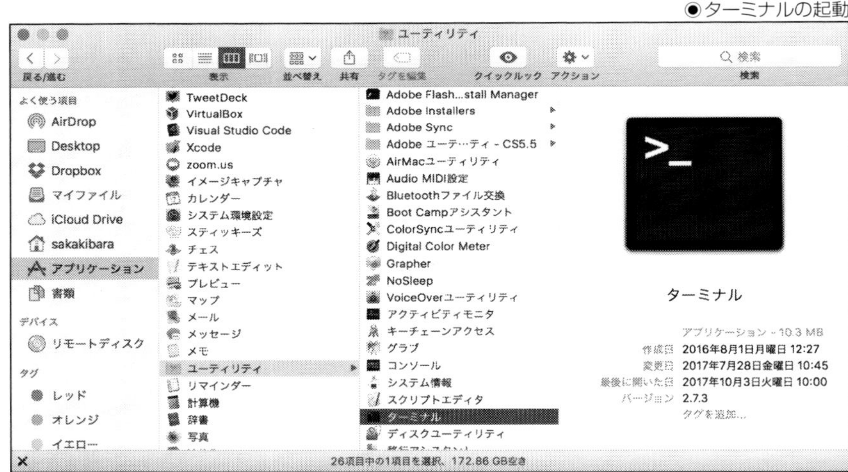

Windowsの場合は、左下にあるスタートメニューから「Windowsシステムツール」→「**コマンドプロンプト**」を選択します。

なお、macOSの「ターミナル」とWindowsの「コマンドプロンプト」の役割は同じです。

作業対象のフォルダを移動するcdコマンド

コマンドラインでは、マウスやトラックパッドを用いて操作するのではなく、キーボードで**コマンド**と呼ばれる命令を実行することによって操作します。

その最も基本的なものは**cd**コマンドです。Macのターミナルを起動した直後は、次のように表示されます。

◉ターミナル起動直後

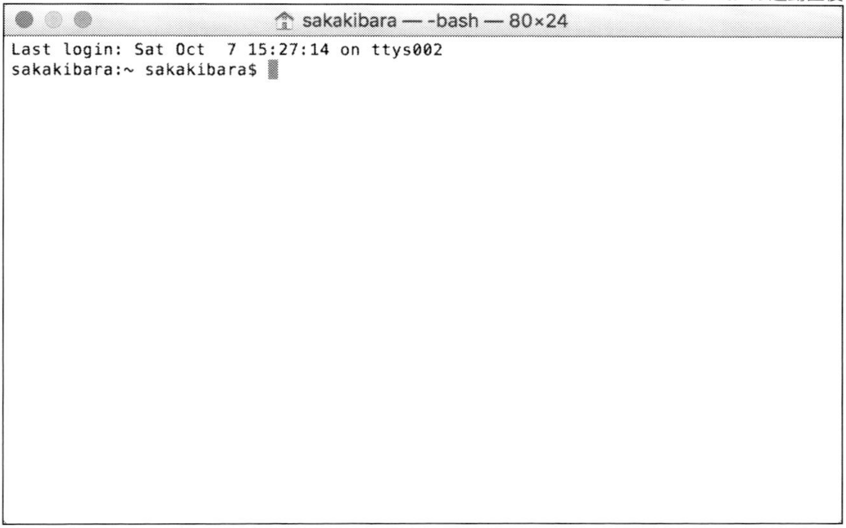

```
sakakibara — -bash — 80×24
Last login: Sat Oct  7 15:27:14 on ttys002
sakakibara:~ sakakibara$ 
```

1行目が、コマンドラインを立ち上げた時間です。2行目は「**コンピューター名:カレントディレクトリ　ユーザ名$**」が表示されています。「~」はホームディレクトリ(ユーザー名のフォルダ)を指しています。

Windowsのコマンドプロンプトの場合、1行目にバージョン、2行目にコピーライトが表示されます。その下に「**カレントディレクトリ>**」が表示されています。カレントディレクトリは、通常、「**C:¥Users¥ユーザ名**」です。

コマンドラインは1つのディレクトリしか開くことができません。そのため、特定のファイル・フォルダを操作したいときは、ディレクトリを移動する必要があります。

そこで、**cd**コマンドを使います。**cd**はカレントディレクトリを変更するコマンドです。**cd(1文字半角空白)【移動先ディレクトを相対/絶対パス】**というように利用します。カレントディレクトリを変更してみましょう。デスクトップに**test**というフォルダを作成してください。そして、コマンドライン上に「**cd** 」(末尾に半角空白)を入力して、次にコマンドラインに作成したフォルダをドラッグ&ドロップしてください。

●cdコマンドの実施

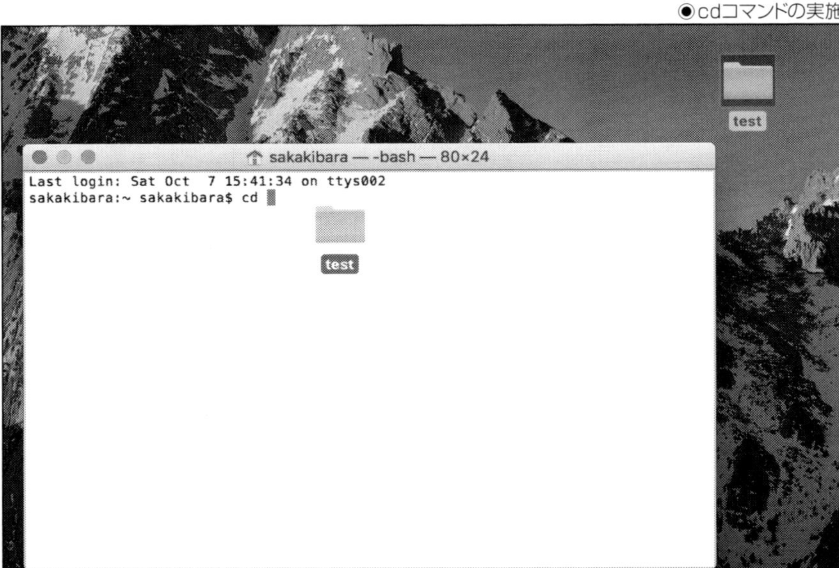

すると、「cd 」に続いて、フォルダtestの絶対パスが自動的に挿入されます。Enterキーを押して実行すると、カレントディレクトリを移動することができます。

フォルダの中身を見るlsコマンドと、現在地を確認するpwdコマンド

カレントディレクトリの中身もコマンドラインで確認することができます。lsと入力してEnterキーを押して実行してみてください。現在はtestフォルダは空ですので何も表示されませんが、フォルダの中に何かファイルを入れると表示されるようになります。

作業をしていると、どのカレントディレクトリで作業しているかがわからなくなることがあります。そのときは、pwdコマンドを実行すると、カレントディレクトリの絶対パスを表示することができます。

また、ターミナル（コマンドプロンプト）上で上下矢印キーを入力すると、過去の実行コマンドをさかのぼることもできます。

コマンド入力時の注意点

コマンド実行でエラーが表示された場合、「なぜかうまくいかない」「ログにたくさん英語が表示された!」と混乱しがちです。その場合、次の点を確認しましょう。

▶ 入力を間違えてないか確認しよう

慣れない間は、コマンドを間違えることが多くあります。「I」と「l」の入力間違いや、1文字飛ばして入力してしまったなどの打ち間違えていないかを確認しましょう。

▶ コマンドの先頭の「$」や「>」は入力不要

「$」(Windowsの場合は「>」)を入力していないか確認してください。「$」はコマンドの行頭を示している記号ですので、たとえば、`$ node -v`という表記の場合、入力するのは`node -v`のみです。

▶ 空白は半角空白で入力しよう

空白は、半角空白で入力します。全角空白を入力するとエラーになるので注意しましょう。

▶ それでも動かない場合は

それでも動かない場合、英語のエラーをご確認ください。「`update ～`」など、どうしたらエラーが解消されるかが書かれていることが多いです。

開発環境の準備

コマンドラインの基本を覚えたら、Ionicを使うためのツールをインストールしましょう。

Ionicを簡単に使うためのツールのインストール

Ionicをはじめるために、JavaScriptのパッケージ管理などを行うことができる「**Node.js**」と、Ionicの独自コマンドを使えるようにする「**Ionic CLI**」をインストールします。Ionic CLIを入れると、複雑な環境設定であったり、開発に必要な便利な機能をコマンドひとつで実行することができるようになります。

なお、コマンドには**$**がついていますが、これはコマンドの1行目であることを示す記号で、入力する際は省略して入力してください。

▶ Node.jsのインストール

まず、Node.jsがインストールされているか確認します。ターミナル（Windowsの場合はコマンドプロンプト）を起動して、`node -v`コマンドを実行ください。

```
$node -v
```

`v8.9.3`のようにバージョン番号が表示されたら、あなたのパソコンにはNode.jsがインストール済みです。この場合、Ionic CLIのインストールに進んでください。

`-bash: node: command not found`（Windowsの場合は、「**内部コマンドまたは外部コマンド（中略）認識されていません**」）と表示されたら、あなたのパソコンにはNode.jsはインストールされていないので、次のサイトにアクセスしましょう。

- Node.js

  URL https://nodejs.org/ja/

このサイトで、OSにあわせたパッケージ(LTS)をダウンロードし、インストールしましょう。インストールが完了したら、再度、ターミナル(コマンドプロンプト)を起動し、**node -v**コマンドを入力ください。バージョン番号が表示されるはずです。なお、もし表示されない場合は、パソコンを再起動ください。

▶ Ionic CLIのインストール

次に、Ionic CLIをインストールします。Ionic CLIをインストールすると、**ionic**コマンドを動かすことができるようになり、Ionicプロジェクトをコマンドひとつで自動構築したり、リリース用にビルドすることができるようになります。次のコマンドを入力してください。

◉macOSの場合

```
$ sudo npm install ionic cordova -g
```

◉Windowsの場合

```
> npm install ionic cordova -g
```

インストールには5分ほど時間がかかることもあります。完了したら、次のようにインストールしたパッケージ名とバージョンが表示されます。

```
+ ionic@3.19.0
+ cordova@7.1.0
added 368 packages, removed 1 package and updated 19 packages in 14.8s
```

`ionic -v`を実行してください。`3.19.0`のようにバージョン情報が表示されたら成功です。これで開発する準備が整いました。

▶ Ionic CLIがインストールできない場合はバージョンを上げよう

Node.js、もしくはIonic CLIのバージョンが古いときは動かないことがあります。Ionic CLIがうまくインストールできないときは、次のコマンドを実行してください。

●macOSの場合

```
$ sudo npm update -g npm
$ sudo npm update -g
```

●Windowsの場合

```
> npm update -g npm
> npm update -g
```

1行目で、Node.jsのパッケージ管理ツールであるnpmをアップデートしています。2行目でnpmに入っているパッケージ（インストール済みの場合は、Ionic CLIを含む）を最新版に更新しています。

それでも動かない場合は、OS自体を最新版にすることで改善されることがあります。

Gitのインストール

Ionic CLIでプロジェクトを作成する際にGitを利用するので、インストールします。なお、GitのGUIツール「SourceTree」をインストールしてる場合、もしくはmacOSでXcodeをインストールする場合（次ページ参照）は自動的にインストールされているため、不要です。

まず、Gitがインストールされているか確認します。ターミナル（Windowsの場合はコマンドプロンプト）で次のコマンドを実行してください。

```
$ git --version
```

`git version 2.14.1`のようにバージョン番号が表示された場合はインストール済みです。インストールされていない場合は次のサイトにアクセスしましょう。

URL https://git-scm.com/downloads

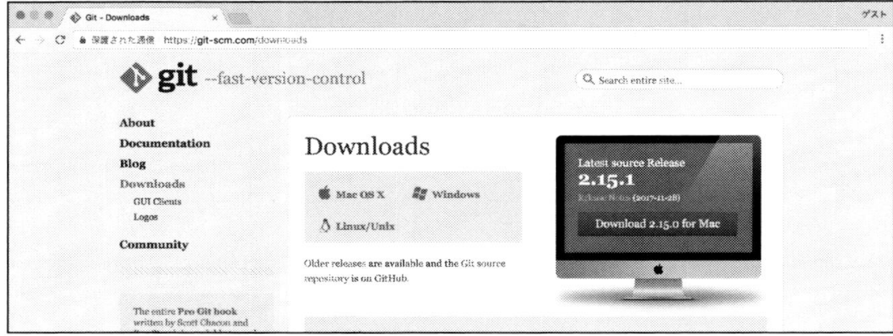

OSにあわせたパッケージをインストールください。

スマホで動かすツールのインストール

スマホアプリとして動かすためのツールとして、XcodeとAndroid Studioをインストールします。実機での動作確認、App StoreまたはGoogle Playでのリリース作業に必要となります。本書内のチュートリアルでも利用するので、どちらか一方はインストールください。

▶ Xcodeのインストール

iOSアプリの実行・リリースには、Apple社が提供するmacOS向けの統合開発環境であるXcodeが必要です。

- Xcode

  URL https://itunes.apple.com/jp/app/xcode/id497799835

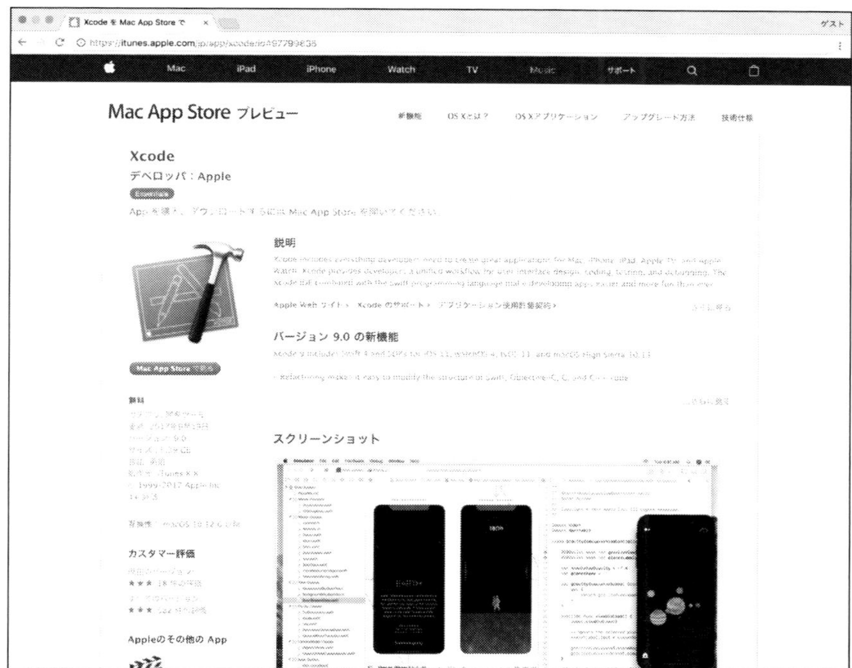

上記のページで「Mac App Storeで見る」ボタンをクリックしてApp Storeを起動し、左の「入手」ボタンからインストールを開始してください。インストールするためにはHDDに5GBの空きが必要で、20分ほど時間がかかります。

▶ Android Studioのインストール

Androidアプリの実行・リリースには、Google社が提供するAndroid向けの統合開発環境Android Studioが必要です。

- Android Studio

  URL https://developer.android.com/studio

上記のページでダウンロードボタンをクリックすると、インストールパッケージがダウンロードされます。完了したら、ダウンロードしたインストールパッケージをダブルクリックしてインストールを開始してください。インストール後、起動すると初期設定の画面が表示されます。「Standard」を選んで初期設定を行ったらインストール完了です。

IDE/エディタのインストール

Ionicを使った開発には**IDEもしくは専用のエディタを利用**することをおすすめします。これらは、エディタ機能だけではなく、コマンドラインやGit、フォルダのプレビューや、入力コードの提案までをまとめて提供してくれます。

●IDE/エディタによる開発のサポート機能の例

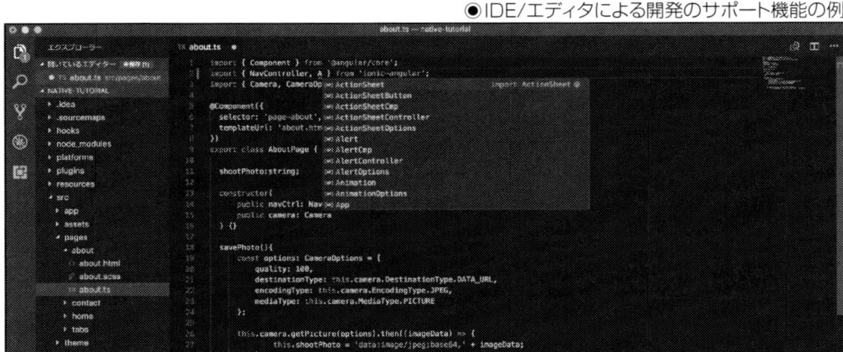

多くのIDE/エディタがありますが、その中でIonicの開発をサポートしている機能を持っているのは、**Visual Studio Code**と**WebStorm**の2つです(2017年12月現在)。他のIDE/エディタでも開発を行うことはできますが、こだわりがなければVisual Studio CodeかWebStormのどちらかをご利用ください。Visual Studio Codeは無償で、WebStormは年間5900円のライセンス料が必要です。また、最初は30日の無料お試し期間があります。

▶ Visual Studio Code(無償)

Visual Studio CodeはMicrosoft社が開発しているエディタです。無償で利用することができます。Visual Studio Codeを利用するためには、公式サイトからダウンロード、インストールを行う必要があります。

● Visual Studio Code

URL https://code.visualstudio.com/

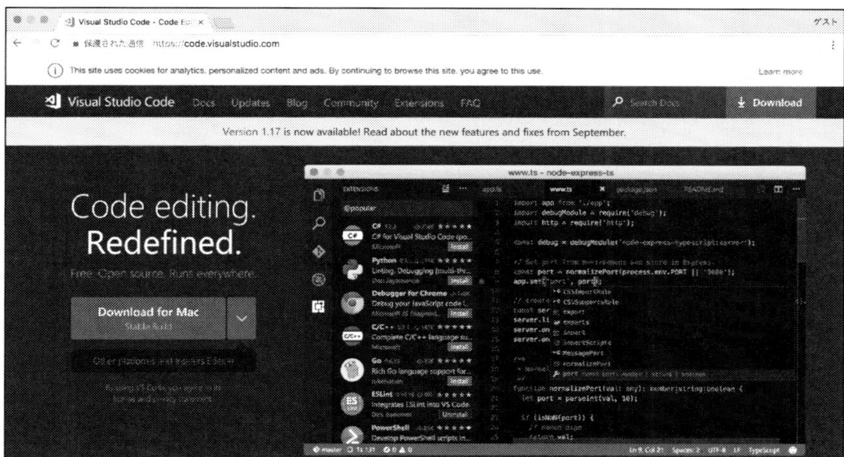

インストールが完了したら、拡張機能を追加してIonicの開発サポート機能を使えるようにしましょう。Visual Studio Codeを開くと、右側にメニューアイコンが縦に並んでいます。その一番下、四角形のアイコンをクリックすると拡張機能のウインドウが開きます。

そこで「Angular Language Service」を検索ください。そうすると、「Editor service for Angular templates」と説明文がついている拡張機能が表示されるので、それをクリックしてインストールください。

●拡張機能の追加

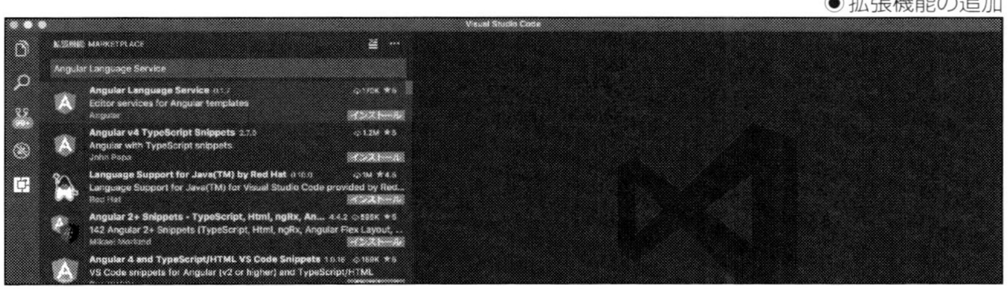

完了すると、入力しかけた文字列から始まるオブジェクトを提案してくれる機能や、読み込んでいるオブジェクトを定義しているファイルへジャンプする機能(左クリックして「定義へ移動」)などが追加されます。

▶WebStorm(有償)

WebStormとは、JetBrains社が開発したJavaScript用の統合開発環境です。有償だけあり、多くの開発サポート機能が実装されています。WebStormを利用するためには、公式サイトからダウンロード、インストールを行う必要があります。

- Web Storm

URL https://www.jetbrains.com/webstorm/

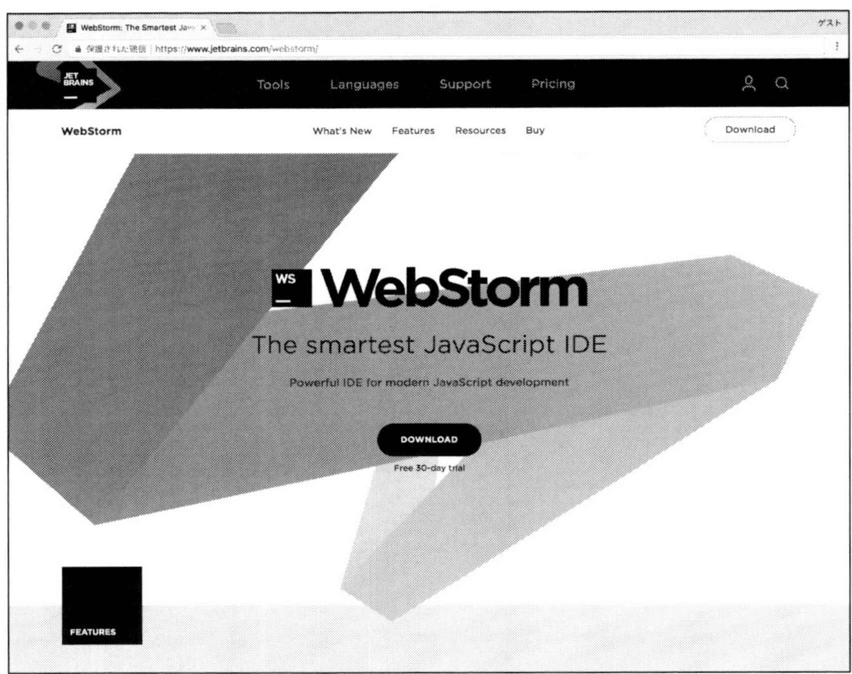

WebStormは、デフォルトでIonicの開発サポート機能を利用することができます。WebStormを利用する際の大きなメリットは、**リファクタリングのサポート機能があること**です。

開発をしていると、ファイル名を変更したり、フォルダ構成を変更したいときがあります。他のエディタでは、呼び出し先の相対パスを手動で書き換える必要があり、リファクタリングには大きな手間がかかります。WebStormはそれを変更するときに呼び出し先すべてのパスを自動的に変更することができます。メソッド名も同様です。規模が大きくなればなるほどこの機能は有用です。

CHAPTER 02

Ionicの始め方と便利な機能

プロジェクトを作ろう

ここでは、Ionicプロジェクトの作成方法について説明します。

開発用のフォルダの準備とカレントディレクトリの変更

最初にプロジェクトを作るフォルダを決めます。普段の開発で使っているフォルダがなければ、デスクトップにdevフォルダを作成してください。

次にターミナル（Windowsの場合はコマンドプロンプト）を起動して、先頭に「cd 」（末尾は半角空白）を入力した上で、フォルダをドラッグ&ドロップして、実行してください。

●カレントディレクトリの変更

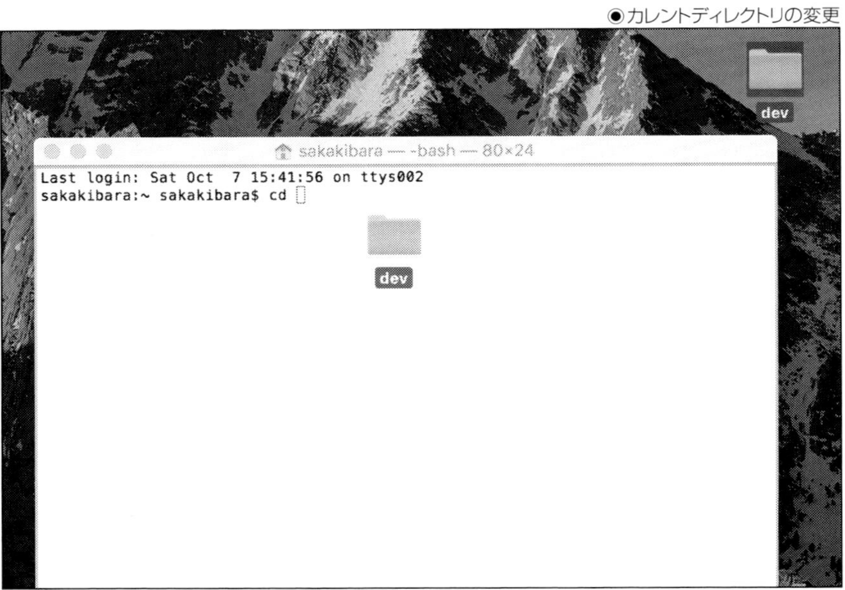

そうすると、ターミナルの先頭が現在のフォルダ名に変化します。

コマンドひとつで自動生成

ターミナルの現在地が、Ionicのプロジェクトを作るフォルダになっているのを確認したら、次のコマンドを実行ください。Ionicのプロジェクト作成がはじまります。

```
$ ionic start
```

コマンドを実行すると、「? What would you like to name your project」と、プロジェクト名を聞かれます。Ionicのプロジェクトフォルダ名なので、任意の文字列を入力します。今回はこの後のチュートリアルでも利用するので「ionic_tutorial」というプロジェクト名にしましょう。

続いて、作成するプロジェクトのデフォルトテンプレートを選びます。

スマホアプリでよく使われる「tabs」を含め、7つのテンプレートを選択することができます。上下矢印キーで、**tutorial**を選択してEnterキーで実行します。

```
? What starter would you like to use:
  tabs .............. ionic-angular A starting project with a simple tabbed interface
  blank ............. ionic-angular A blank starter project
  sidemenu .......... ionic-angular A starting project with a side menu with navigation
in the content area
  super ............. ionic-angular A starting project complete with pre-built pages,
providers and best practices for Ionic development.
  conference ........ ionic-angular A project that demonstrates a realworld application
❯ tutorial .......... ionic-angular A tutorial based project that goes along with the
Ionic documentation
  aws ............... ionic-angular AWS Mobile Hub Starter
```

次に、下記の質問が表示されます。

```
? Would you like to integrate your new app with Cordova to target native iOS and Android?
(y/N)
```

これは、「このプロジェクトはCordovaを使ってスマホアプリにコンパイルするかどうか」という質問です。「**N**」を選択すると、Cordovaのためのファイルは生成されません。これは後から**ionic cordova build**コマンドを実行することによって生成することができます。本書ではCordovaのためのファイルも扱うため、「**y**」を入力してEnterキーで実行ください。

実行すると、自動的にIonicのプロジェクトに必要なファイルのダウンロードが始まります(ダウンロードには数分かかります)。終了すると、初回のみ「Ionic Pro」というサービスを利用するかを質問されます。

```
? Install the free Ionic Pro SDK and connect your app? (Y/n)
```

Ionic Proを利用すると、「Ionic View」というiOS/Androidアプリの中でIonicプロジェクトをリリースする機能などが利用できます(ここで「**Y**」を選択しなくても、後で変更できます。詳しくは巻末「Ionic CLIと開発支援サービス」をご覧ください)。チュートリアルではIonic Proは利用しないので、「**n**」を入力してEnterキーを押してください。

なお、選択できる7つのテンプレートは下表の通りです。

●Ionicのテンプレートとその概要

テンプレート名	概要
tabs	タブのテンプレート
blank	blankページを表示するテンプレート
sidemenu	サイドメニュー(ハンバーガーメニュー)のあるテンプレート
super	ログイン画面など最初からいろいろ実装されてる実装モデル
conference	Ionicの実装デモ。https://github.com/ionic-team/ionic-conference-app で閲覧可能
tutorial	チュートリアル用テンプレート
aws	awsのモバイルサービス利用に最適化されたテンプレート

プレビューを起動して開発をはじめよう

ダウンロードが終わり、プロジェクトをはじめる準備が完了できたら、次のログが表示されます。

```
Next Steps:
* Go to your newly created project: cd ./ionic_tutorial
* Get Ionic DevApp for easy device testing: https://bit.ly/ionic-dev-app
```

開発をはじめるためにプレビュー画面を起動しましょう。次のコマンドを実行します。

```
$ cd ./ionic_tutorial
$ ionic serve
```

cdコマンドで、作成したIonicプロジェクトのフォルダ内に移動します。ionic serveコマンドで、コンパイルが始まり、完了したら自動的にブラウザが立ち上がり、リアルタイムプレビューをしながら開発をすることができます。

●開発用画面

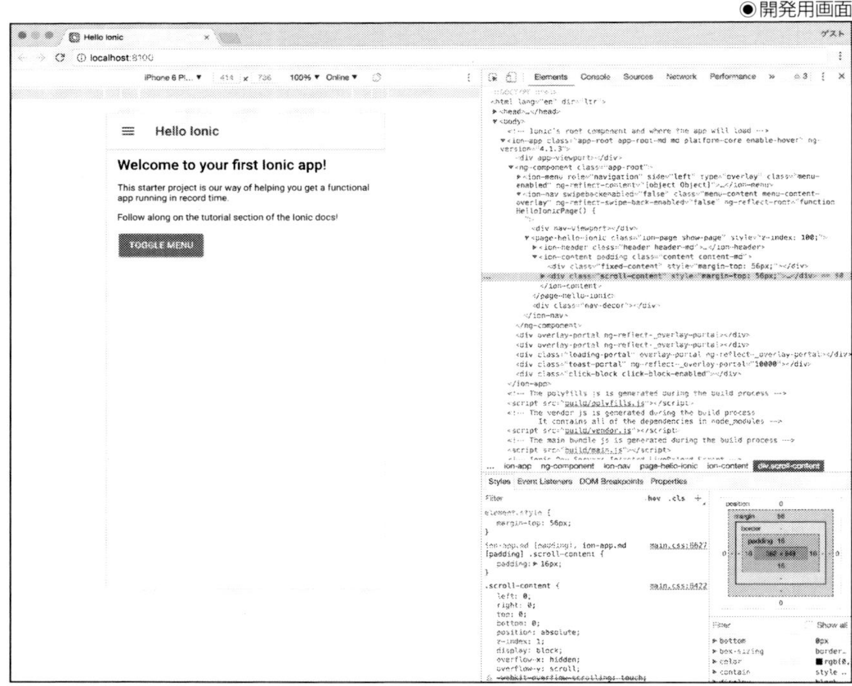
Hello Ionic
localhost:8100
Elements Console Sources Network Performance
Hello Ionic
Welcome to your first Ionic app!
This starter project is our way of helping you get a functional app running in record time.
Follow along on the tutorial section of the Ionic docs!
TOGGLE MENU

開発モードを終了する場合は、ターミナル上でControlキーとCキーを同時に押しください(Windowsの場合は、Alt+Ctrl+Cキー)。

Ionicの便利な機能

Ionicには、HTML5アプリ開発のために多くの便利な機能があります。

機能① Ionic CLIの便利なコマンド

ここでは、Ionic CLIの便利なコマンドについて確認しておきましょう。なお、全コマンドの簡易な説明は付録に掲載してあります(176ページ参照)。

▶ 開発のための処理が走る「ionic serve」

`ionic serve`を実行すると、webpackというビルドツールが立ち上がり、次の処理を自動的に実行します。

1. 前回ビルドしたファイルが削除される。具体的には「www/」以下を空にする。
2. 「src/assets」に入れた、開発において公開する画像ファイルなどを、「www/assets」にコピーする。
3. URLルーティングを有効にするために、「deeplinks」で処理が行われる。
4. Ionicで使われているSCSS(CSSの拡張メタ言語)とTypeScript(JavaScriptの拡張言語)をブラウザで表示できるようにするため、それぞれCSSとJavaScriptに変換する。
5. 複数のファイルを同時に読み込むとロード時間がかかるので、CSS/JavaScriptファイルをそれぞれ1つのファイルにまとめあげ、「www/」以下に出力する。
6. 開発用サーバ(プレビュー画面を表示)を起動する。

`ionic serve`の1行で、これだけの処理が行われます。

開発用サーバは`src/`のファイル・フォルダに変更が起きたら更新されるようになっているので、コードを変更する度にブラウザの更新を行わなくても自動的に更新して表示されます。

▶ 公式ドキュメントを立ち上げる「ionic docs」

開発中、「こういったコンポーネントなかったっけ」や「このAPIの使い方をコピペしよう」と、Web上の公式ドキュメントを見る機会が多くあります。ただ、わざわざURLをブックマークしておくのも面倒、という開発者向けに、Web上のドキュメントを立ち上げるコマンドが用意されています。

`ionic docs`コマンドを実行してください。自動的に`https://ionicframework.com/docs/api/`が立ち上がり、ドキュメントを見ることができます。

◉公式ドキュメント

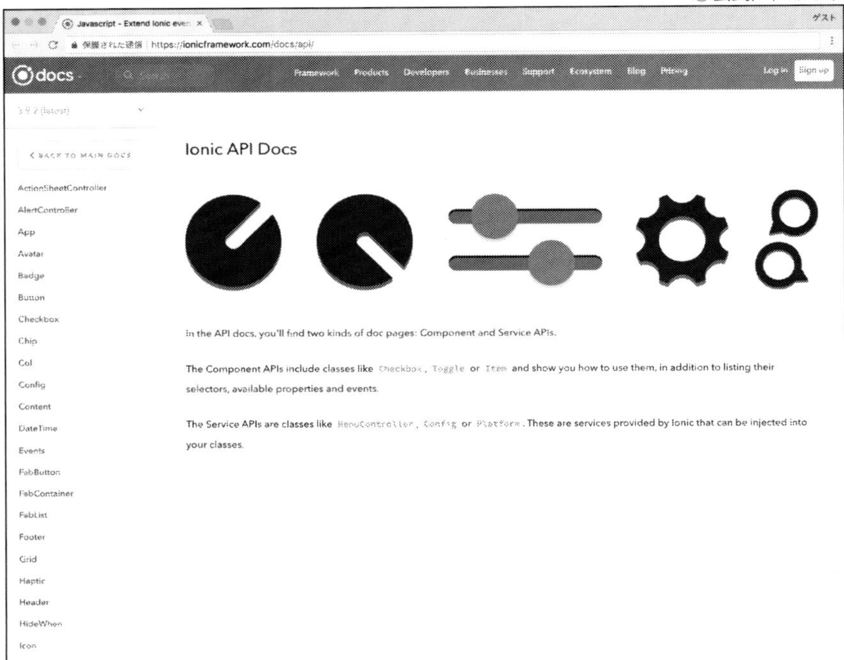

▶ 開発環境を表示する「ionic info」

「コードを共有したけどなぜか動かない」ということはよくあります。多くの場合は、コード自体ではなく、ビルドする環境や設定に問題があります。

そこでIonic CLIでは、開発している環境・設定が出力される、`ionic info`コマンドがあります。

```
cli packages: (/usr/local/lib/node_modules)
    @ionic/cli-utils  : 1.19.0
    ionic (Ionic CLI) : 3.19.0

... (中略) ...

System:
    Node : v8.9.3
    npm  : 5.5.1
    OS   : macOS Sierra
```

社内やコミュニティで質問するときは、出力した自分の環境も一緒に投稿すると適切な助言をもらえる可能性が高くなります。

機能② ビルドツールの自動アップデート

Ionicのビルドツールは、コンパイル速度、コンパイルサイズの改善を目指して頻繁に新しいバージョンのリリースが行われています。そのため、Ionic CLIを利用するとき、インターネットに接続していれば、ビルドツールの新バージョンがでていないか自動的に確認されるようになっています。新バージョンがリリースされている場合は次のメッセージが表示されます。「Y」を入力してEnterキーを押すと、自動的に更新がはじまります。

```
? The Ionic CLI (local version) has an update available (3.7.0 => 3.10.3)! Would you like
to install it? (Y/n)
```

なお、アップデートをはじめると、実行したIonicコマンドはキャンセルされので、再度、実行してください。

機能③ iOS/Android別のデザインプレビュー

IonicのUIコンポーネントはデフォルトでフラットデザイン、マテリアルデザインを持っていて、デバイスごとに表示が切り替わります。デバイスごとの表示を別々に確認するのは手間ですが、Ionicにはそれらを1画面で比較しながら確認する機能があります。

`ionic serve`コマンドで起動したプレビュー画面のURLは`http://localhost:8100`になっています。これを`http://localhost:8100/ionic-lab`に変更してください。なお、`ionic serve`を終了している場合はアクセスできないので、再度、`ionic serve`コマンドを実行してからアクセスください。

◉Ionic Lab

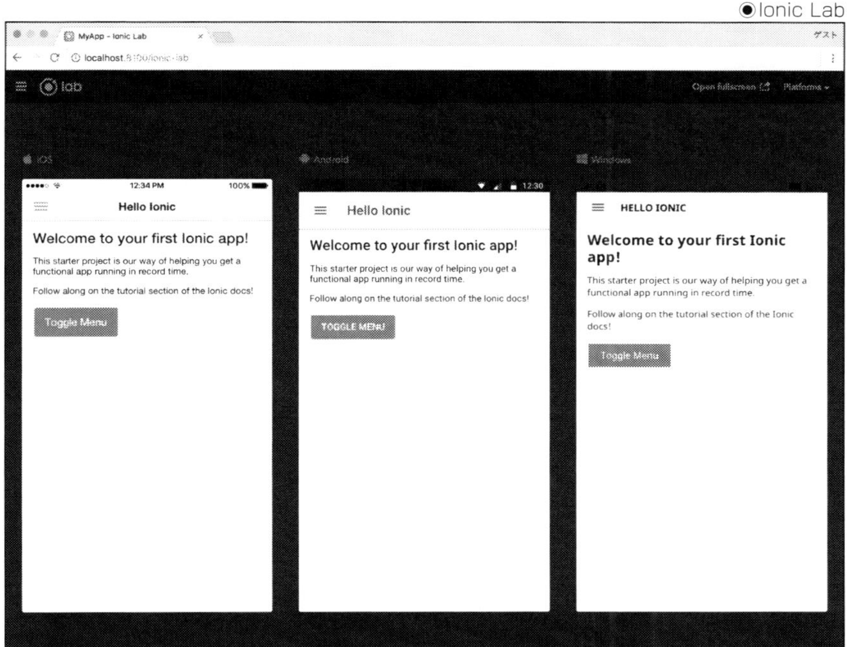
MyApp - Ionic Lab
ゲスト
localhost:8100/ionic-lab
lab
Open fullscreen
Platforms
iOS
Android
Windows
12:34 PM
100%
Hello Ionic
Welcome to your first Ionic app!
This starter project is our way of helping you get a functional app running in record time.
Follow along on the tutorial section of the Ionic docs!
Toggle Menu
12:30
Hello Ionic
Welcome to your first Ionic app!
This starter project is our way of helping you get a functional app running in record time.
Follow along on the tutorial section of the Ionic docs!
TOGGLE MENU
HELLO IONIC
Welcome to your first Ionic app!
This starter project is our way of helping you get a functional app running in record time.
Follow along on the tutorial section of the Ionic docs!
Toggle Menu

右上のplatformsをクリックすると、どのデバイスを表示するか（もしくは複数表示するか）を選択することができます。本書では扱いませんが、Windows Phoneにも対応しているので、Windows Phone向けのデザインも表示できます。

なお、パソコンで表示した場合はデフォルトではAndroid向けのマテリアルデザインが表示されます。

機能④　オリジナルTheme作成サポート

Ionicは「SCSS」というCSSの拡張メタ言語を採用しています。SCSSは、テーマカラーを1カ所でまとめて設定できたり、入れ子構造で記述することができたりと、CSSプラスアルファの機能を持っています。

Ionicのプロジェクトでは、テーマカラーなどはsrc/theme/variables.scssでまとめて設定します。

▶ テーマカラーの変更

src/theme/variables.scssを開いて36行目あたりを見てみます。

SAMPLE CODE src/theme/variables.scss

```
$colors: (
  primary:    #488aff,
  secondary:  #32db64,
  danger:     #f53d3d,
  light:      #f4f4f4,
  dark:       #222
);
```

これがIonicのテーマカラーになります。プライマリーカラーは#488affのコバルトブルーです。ここで設定しているテーマカラーを各UIコンポーネントが読み込んで、background-colorやcolorにセットするようになっています。

▶ 調整変数を使ってテーマを思い通りにする

Ionicでは、テーマカラーだけでなく、特定のUIコンポーネントのheightやalignの値を設定できる調整変数が用意されています。

変数一覧は、次のURLから見ることができます。

- 調整変数一覧

  URL http://ionicframework.com/docs/theming/overriding-ionic-variables

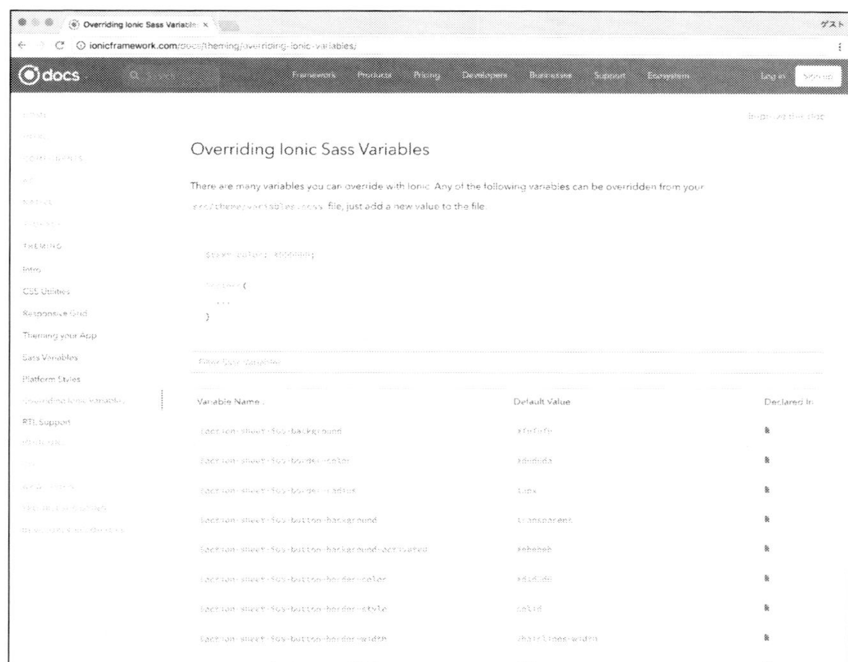

機能⑤　圧倒的に書くコードを減らしてくれる技術

Ionicでは、さまざまな最新の技術が多く導入されています。はじめて使う人は、一見すると「覚えないといけないことがたくさんある」と思いがちですが、使っていると開発が楽になっていることを実感できます。ここでは、その技術を紹介します。

▶ Ionicのオリジナルタグ

先ほど作成した`ionic-tutorial`の`src/pages/hello-ionic/hello-ionic.html`を開いてください。`<ion-header>`や`<ion-button>`など見慣れないタグが使われています。

これをIonicが読み込むことにより、オリジナルのコンポーネントデザインを展開します。たとえば、`<button ion-button color="primary" menuToggle>Toggle Menu</button>`というオリジナルタグは、ユーザが表示するときは自動的に次のように展開されます。

```
<button color="primary" ion-button="" menutoggle="" class="bar-buttons bar-buttons-md bar-
buttons-md-primary button button-md button-default button-default-md button-md-primary
button-menutoggle button-menutoggle-md" ng-reflect-color="primary" ng-reflect-menu-toggle="">
    <span class="button-inner">Toggle Menu</span>
    <div class="button-effect"></div>
</button>
```

Ionicがオリジナルタグを使わず、自分でclass名を適切に指定して、入れ子で……と考えるとうんざりします。

さらに、UIコンポーネントによってはアニメーションも自動的に追加されます。マテリアルデザインのボタンの場合、クリックしたらクリックした場所を基点にきらっと光るようなエフェクトが光り、次のような`style`が追加されます。

```
<button color="primary" ion-button="" menutoggle="" class="bar-buttons bar-buttons-md bar-buttons-md-primary button button-md button-default button-default-md button-md-primary button-menutoggle button-menutoggle-md" ng-reflect-color="primary" ng-reflect-menu-toggle="">
    <span class="button-inner">Toggle Menu</span>
    <div class="button-effect" style="transform: translate3d(-3px, -47px, 0px) scale(1); height: 132px; width: 132px; opacity: 0; transition: transform 307ms, opacity 215ms 92ms;"></div>
</button>
```


開発を始めたばかりのときは、オリジナルタグが多く、HTMLを書いている気持ちにならないかもしれません。しかし、オリジナルタグは確実にあなたの開発を手助けします。

※Ionic v2-3では、AngularのCustom Components機能、v4ではHTML5の規格であるWeb Componentsを使ってオリジナルタグを作成しています。カスタムタグ、カスタム要素などの言い方もありますが、本書では「オリジナルタグ」で統一しています。

▶ TypeScriptで型のある世界

JavaScriptは、jQueryを通して利用しているユーザも多いことでしょう。そこで、ここでは、jQueryとJavaScript、Ionicが採用しているTypeScriptの関係を整理しておきます。

jQueryはJavaScriptを簡単に扱うためのライブラリです。`$('#hoge')`は、idに`hoge`を指定している要素(`<div>`や`<p>`など)を指定するjQueryのコードです。これをJavaScriptで書くと、`document.getElementById('hoge')`となります。そして、classを探す場合、これが`getElementsByClassName('hoge')`に変わります。

1つひとつ覚えるのは面倒ですよね。実際、jQueryが登場するまで、「JavaScriptは書きにくい」という人が多く、さほど扱われていませんでした。

しかし、近年「jQueryというライブラリに頼るのではなく、書きやすいJavaScriptを作ろう」という機運が高まり、C#やJavaなどの他の言語のいいところや書きやすい文法を取り入れた、「JavaScript」をより簡単に書くための言語(AltJS)が多く開発されました。その中の1つにMicrosoftが開発した**TypeScript**があります。

TypeScriptの最大の特徴は静的型付けです。変数(値を入れる箱)を宣言するときに「ここに入るのは数字です」と書いておけば、その変数に文字列が入った場合にエラーが出る機能です。次のように使います。

```
let x: number; // number型(数字が入る)宣言
x = 1; // 数字なのでOK
x = 'パターン1'; // 文字列なのでエラーが出る
```

`let`は、`var`と同じ役割を持ちます。最新のJavaScriptでは、`var`ではなく、変数は`let`、定数は`const`を使うようになりました。

型の宣言でよく使うのは下表の通りです。

よく使う型	概要
number	数字型
boolean	「true」「false」が入る
string	文字列
any	何が入ってもエラーを返さない
Function	関数が入る
[]	配列が入る
{}	オブジェクトが入る。「{ name: string }」のように書く

予期しないエラーを事前につぶし、また変数名の間違いなどを予防するので、開発がとても楽になります。TypeScriptはMicrosoftが開発しましたが、いまではGoogleの標準言語に採用されるなど、広く使われるようになっています。

SECTION-007

アプリとしてビルドしよう

次の章からのチュートリアルを始める前に、ビルドを体験しましょう。ビルドとは、アプリリリースをするためのファイルを出力する作業です。

Ionicでは、プレビュー画面を起動しているときは**JITコンパイル**という処理を行っています。高速にプレビュー画面を更新することを目的とした処理です。

それに対して、リリース用にビルドするときは、**AOTコンパイル**という処理を行います。ユーザがその画面を表示するときの処理を事前に行っておくことにより、ユーザは快適にアプリを表示することができます。

AOTコンパイルするときには「--prod」というオプションが最後につきます。開発時とリリース時で異なるコマンドを入力することになり、「--prod」オプションをつけないと、JITコンパイルになるので注意してください。

Webアプリとしてビルドする

Webで公開するときのビルド用のコマンドはnpm run build --prodです。実行すると、ビルドがはじまります。

AOTコンパイルが行われるので、JITコンパイルするionic serveよりも時間がかかります。公開ファイルは、www/以下に生成されるので、この中身をサーバ上にアップロードするとアプリを公開することができます。

ビルドしてiOSアプリとして動かす

iOSアプリとしてビルドするためには、次のコマンドを実行してください。

```
$ ionic cordova build ios --prod
```

実行すると、Ionicのビルドが始まり、その後、Cordovaを使ってiOSアプリへのコンパイルがはじまります。環境によっては次のようなエラーがでることがあります。

```
You have been opted out of telemetry. To change this, run: cordova
        telemetry on.
        Error: ios-deploy was not found. Please download, build and install
        version 1.9.0 or greater from https://github.com/phonegap/ios-deploy
        into your path, or do 'npm install -g ios-deploy'
```

ios-deployというパッケージをnpm install -g ios-deployというコマンドを実行して入れるようにと書いてあるので、このエラーがでた場合は次のコマンドを実行ください。

```
$ sudo npm install -g ios-deploy
```

なお、初回のみは次のように警告ログが表示されますが、これはこのプロジェクトにあなたのApple IDが紐づいていないことを表示しているだけなので無視して進めてください。

```
=== BUILD TARGET MyApp OF PROJECT MyApp WITH CONFIGURATION Debug ===

Check dependencies
Code Signing Error: Signing for "MyApp" requires a development team. Select a development
team in the project
editor.
Code Signing Error: Code signing is required for product type 'Application' in SDK 'iOS
11.0'

** ARCHIVE FAILED **
```

コンパイルが終了すると、`platform/ios`にiOSアプリ用のソースコード一式が生成されます。

その中にXcode用の`platform/ios/**.xcodeproj`というファイルが生成されています(今回は`MyApp.xcodeproj`)。このファイルをダブルクリックすると、Xcodeが起動します。

●Xcodeでプロジェクトファイルを開いたところ

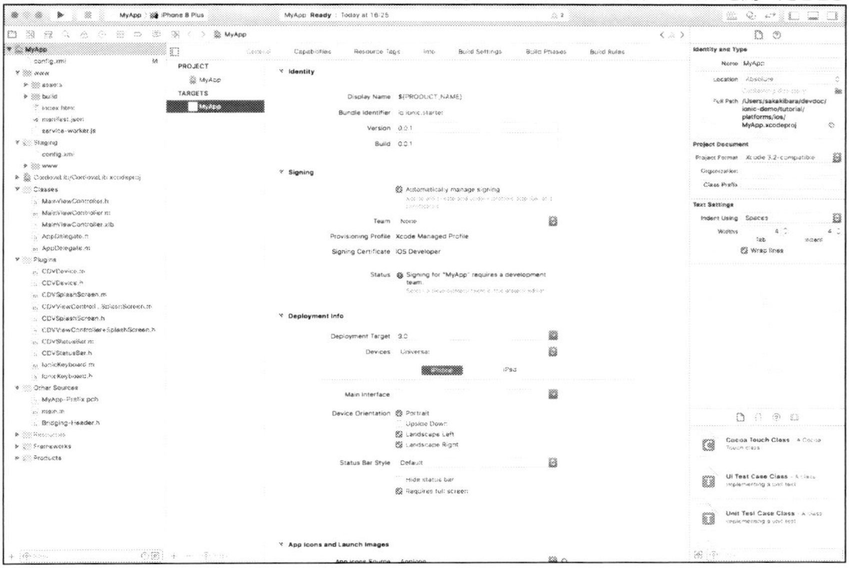

Xcodeが起動したら、左上のプロジェクト名(今回は`MyApp`)をクリックしてください。そうすると、`General`が表示されるので、その中の`Team`にあなたのApple IDを入力してください。

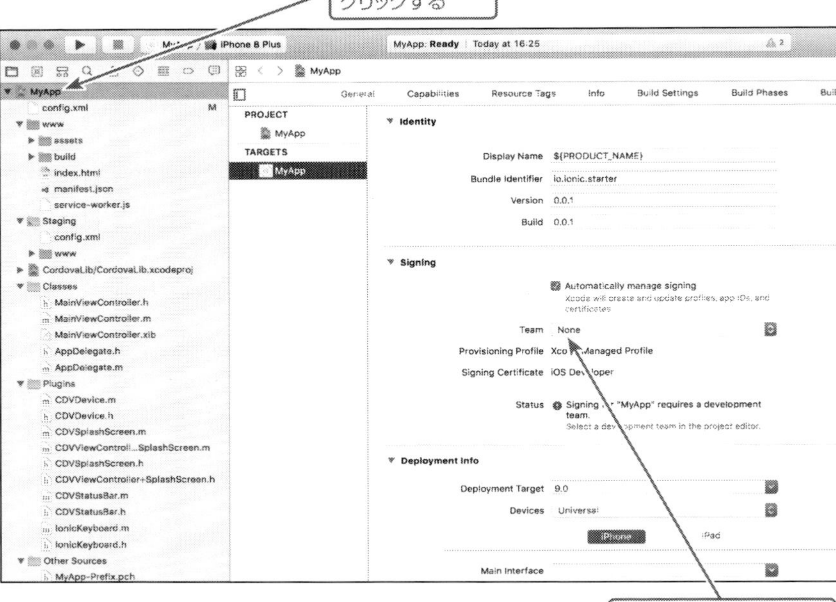

その後、左上の▶をクリックするとエミュレータの起動が始まります。「iPhone 7 Plus」を選択してからエミュレータを起動すると、iPhone 7 Plusのエミュレータが起動します。

ただし、エミュレーターは動作が遅いので動作確認は実機をおすすめします。実機をUSBで接続している場合は、あなたの実機を「Device」から選択することで、実機でも動作を確認することができます。

▶ 実機で動かない場合

実機で動かない場合は、次の2点を確認しましょう。

1点目は、デバイス(実機)側で、つないでいるMacを「信頼」する必要があります。「設定」→「一般」→「プロファイルとデバイス管理」から「ディベロッパAPP」をタップして、信頼されているか確認してください。

2点目は、Xcodeの`Bundle Identifier`を`io.ionic.starter`から変更しないと動かないことがあります。こちらをユニークなもの(自分の所有ドメインをつかったものなど)に変更してみてください。

ビルドしてAndroidアプリとして動かす

Androidアプリとしてビルドするための次のコマンドを実行ください。

```
$ ionic cordova build android --prod
```

platform/android/がIonicのAndroidアプリとしてのパッケージです。Android Studioを起動し、「開く」から、このディレクトリを選択してください。その後、▶をクリックするとエミュレータが起動します。

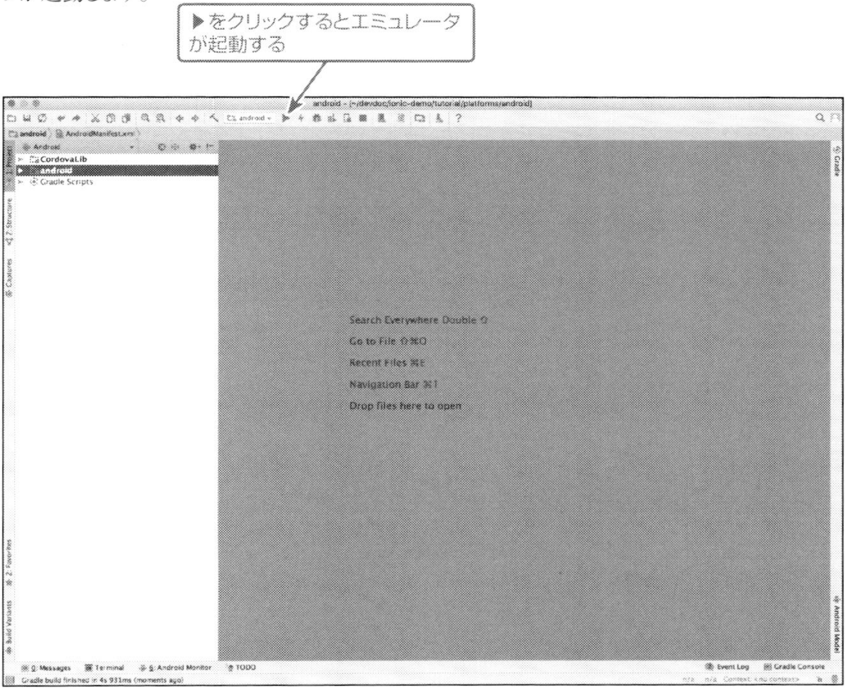

▶をクリックするとエミュレータが起動する

早く上達する3つの方法　～コラム①

ここでは、Ionicを使った開発で、早く上達する3つの方法を紹介します。

方法①　エラーは修正方法まで教えてくれる

Ionicには、うまくいかないときにどこがおかしいか、エラーメッセージを表示する機能があります。具体的に、次のようなエラーを見てみましょう。

◉エラー画面

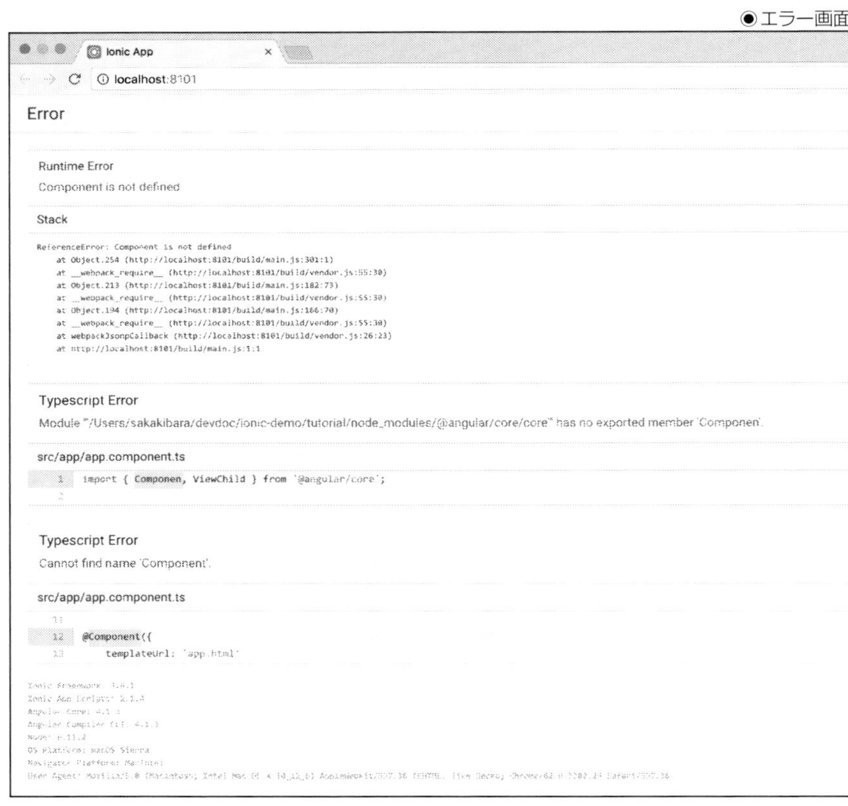

英語がいろいろと並んでいてわかりにくく感じますが、よく見ると「Component is not defined」と書かれています。これは、@angular/coreからパッケージを呼び出すとき、ComponentをミスタイプしてComponenとなっているから動きませんよ、と表示しています。

エラーを読まないと「なぜか動かない」「どこが悪いかわからないから1から全部読む」となりがちで、大変作業効率が下がります。最初はエラーを読むのに抵抗があるかもしれませんが、エラーを読むと多くの場合すぐに問題を解決することができます。

エラーを読める人の進歩は、読めない人とくらべて圧倒的に成長が早いです。

方法② 公式ドキュメントには大体のことが書いてある

Ionicは、公式ドキュメントがとても充実しています。

● 公式ドキュメント

URL http://ionicframework.com/docs/components/#overview

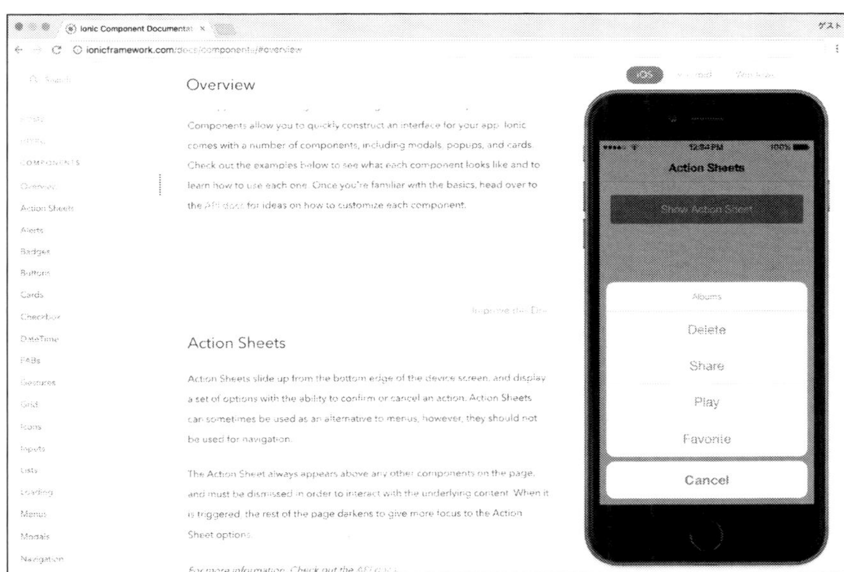

コンポーネント一覧では、役割、使い方だけではなく、各コンポーネントのデモも用意されています。このページをスクロールしていくだけで、Ionicのすべてのコンポーネントを知ることができます。

また、ドキュメントには使い方（サンプルコード）だけでなく、「Demo Source」のリンクもあります。ここから、GitHubで公開されている実際に動くコードをみることができます。

● GitHub

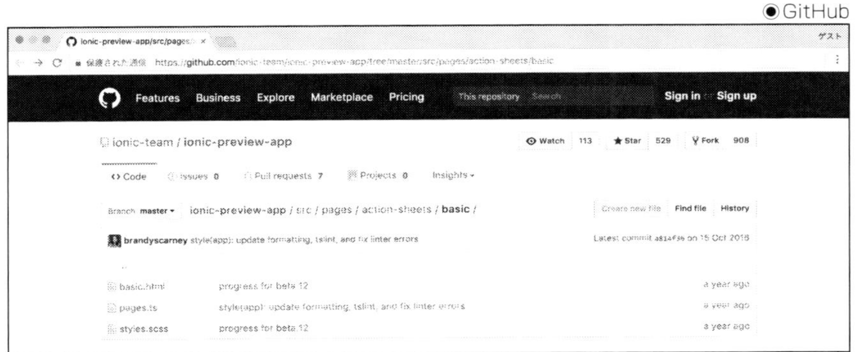

「なぜか動かない」「どういう引数を使えばいいんだろう」と困ったら、公式ドキュメントを参照してみましょう。

Ⅲ 方法③　Google翻訳をうまく使おう

近年、Google翻訳がとてもわかりやすい翻訳をするようになりました。

試しに先ほどの公式ドキュメントをGoogle翻訳にかけてみてください。Google Chromeで開くと、上部に翻訳するバーがでてきますので、そこから行うことができます。

●英語で表示された公式サイト

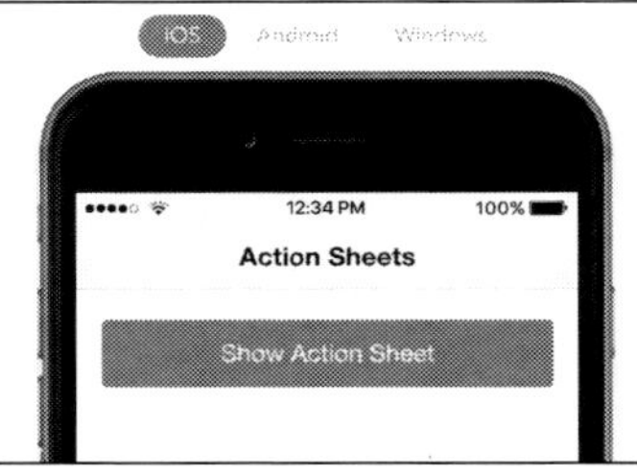

●自動翻訳した公式サイト

上図のように、ほとんど意味が通った日本語に翻訳されたかと思います。

他のページを見ると、「Injectable」などのよくわからない言葉もでてきていると思いますが、本書を読み終わるころには理解できるようになっているかと思います。

ぜひとも開発で困って手が止まった際は、公式ドキュメントを開いてGoogle翻訳にかけてみてください。

CHAPTER 03

Ionicの基本とはじめての開発

Ionicの基本

前章で作ったプロジェクトionic_tutorialを使って、Ionicの基本を学んでいきます。

プロジェクトフォルダはこうなってる

ionic startコマンドで生成したプロジェクト内のファイル/フォルダのそれぞれの役割を見ていきます。

※開発上で変更する必要ないもの(Gitの設定ファイルである「.gitignore」や、TypeScriptの設定ファイルなど)は省略しています。

フォルダ/ファイル	概要
node_modules	プロジェクトで利用するnpmパッケージがインストールされている
plugins/	Cordovaプラグインの保存場所
resources/	スマホアプリとしてコンパイルするときに利用するアプリアイコンやスプラッシュ画面の画像を用意する
src/	メインの開発ファイルを配置するフォルダ。最もよく使う
config.xml	Cordovaでビルドするときの情報が一元管理されている。アプリ名などはこのファイルで設定する
ionic.config.json	Ionic Proで利用する設定ファイル
package.json	Ionicで使うnpmパッケージが管理されている
package-lock.json	package.jsonで書かれているものがインストール済みかどうかを管理する。通常は変更しない

この中でよく使うのは、メインの開発ファイルを配置するフォルダsrc/なので、src/内のファイル/フォルダも確認します。

フォルダ/ファイル	概要
app/	アプリを起動したら真っ先に表示されるファイルが入っているフォルダ
assets/	アプリ内で使う画像やfaviconなどを保存するフォルダ
pages/	app/から呼び出されるページを配置する
theme/	デザインの変数設定を行うSCSSファイルが入っている
index.html	最初に表示されるHTMLファイル。このHTMLファイルの中身をJavaScriptで操作する
manifest.json	PWAで使う設定ファイル。Webをアプリとしてスマホに保存したときの各種設定ができる
service-worker.js	PWAで使う設定ファイル。オフライン時の設定が書かれている

一見、多くのフォルダ/ファイルがありますが、src/assets/に画像を配置して、src/pages/内での開発が作業の9割を占めるので、すべてのフォルダの役割を覚える必要はありません。

index.htmlから呼び出し順を追おう

Ionicではどうやってアプリが表示されているのかを追っていきます。

最初に`index.html`を見てください。<body>の中はCSSやJavaScriptの呼び出しを行っているだけで、中身はほぼ空っぽです。

SAMPLE CODE src/index.html

```
<body>
  <!-- Ionic's root component and where the app will load -->
  <ion-app></ion-app>

  <!-- The polyfills js is generated during the build process -->
  <script src="build/polyfills.js"></script>

  <!-- The vendor js is generated during the build process
       It contains all of the dependencies in node_modules -->
  <script src="build/vendor.js"></script>

  <!-- The main bundle js is generated during the build process -->
  <script src="build/main.js"></script>

</body>
```

この中に、`<ion-app>`という見覚えのないタグがあります。これが`width:100%; height:100%;`となり、アプリの表示部分になります。そして、TypeScriptからこのタグの中身を書き換えて、アプリのページ描画やルーティングを行います。

JavaScriptがロードされるまでは空白が表示されるので、この中に「Loading...」と書いてみましょう。

SAMPLE CODE src/index.html

```
<body>
  <!-- Ionic's root component and where the app will load -->
- <ion-app></ion-app>
+ <ion-app>Loading...</ion-app>
```

アプリが表示されるまで、空白ではなく、「Loading...」という文字が表示されるようになりました。アプリが表示されると、`<ion-app>`の中身は上書きされます。

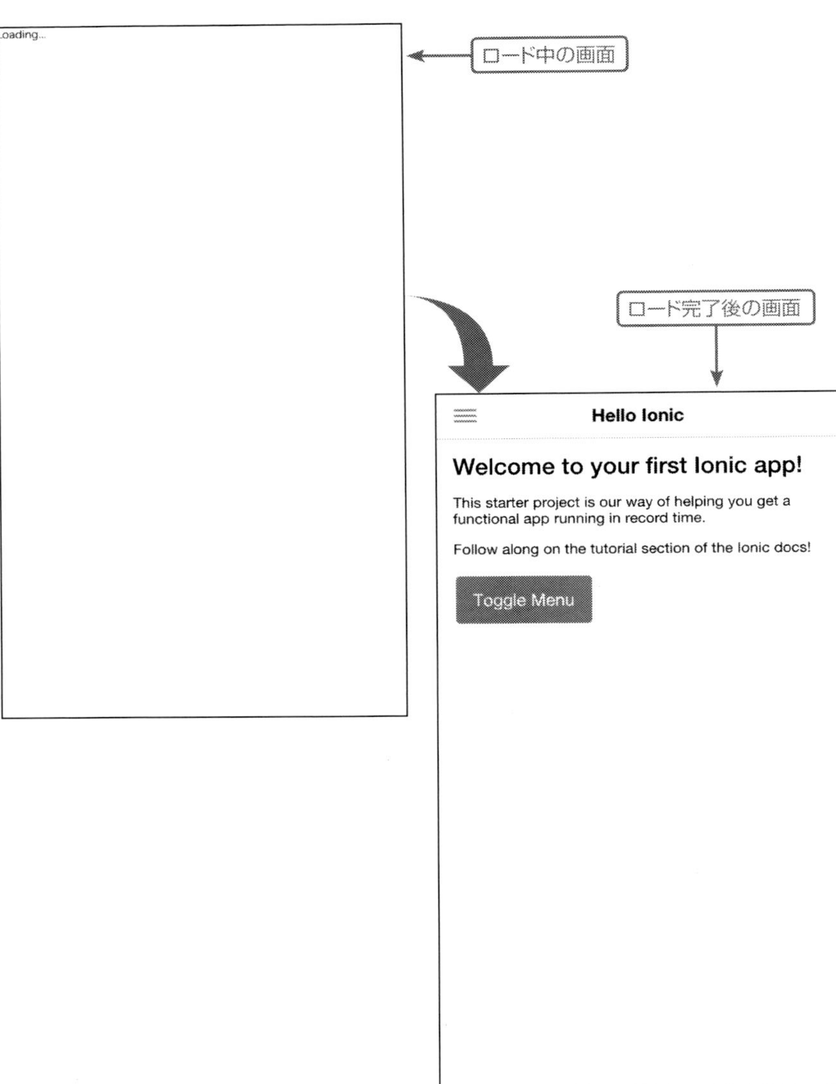
Loading...
ロード中の画面
ロード完了後の画面
Hello Ionic
Welcome to your first Ionic app!
This starter project is our way of helping you get a functional app running in record time.
Follow along on the tutorial section of the Ionic docs!
Toggle Menu

次に、アプリを実行するTypeScriptファイル(以下、TSファイル)の呼び出しを追っていきます。まず`src/app/main.ts`が読み込まれます(「`.ts`」はTypeScriptの拡張子です)。

SAMPLE CODE src/app/main.ts

```
import { platformBrowserDynamic } from '@angular/platform-browser-dynamic';

import { AppModule } from './app.module';

platformBrowserDynamic().bootstrapModule(AppModule);
```

src/app/main.tsの中を見ると、importという見慣れない文法があります。

これは、import {"**読み込むオブジェクト**"} from "**モジュール名、もしくはファイルパス**"(**拡張子は省略**)という文法で書くTypeScriptの機能の1つで、別ファイルのオブジェクトを取り込むことができます。

1行目でアプリを起動するためのplatformBrowserDynamicを、@angular/platform-browser-dynamicモジュールから呼び出しています。次に、同じフォルダにあるapp.moduleからAppModuleを呼び出して、それを使ってアプリを起動しています。

app.module.tsの中身を見てみます。

SAMPLE CODE src/app/app.module.ts

```
@NgModule({
  declarations: [
      MyApp,
      HelloIonicPage,
      ItemDetailsPage,
      ListPage
  ],
  imports: [
      BrowserModule,
      IonicModule.forRoot(MyApp)
  ],
  bootstrap: [IonicApp],
  entryComponents: [
      MyApp,
      HelloIonicPage,
      ItemDetailsPage,
      ListPage
  ],
  providers: [
      StatusBar,
      SplashScreen, {provide: ErrorHandler, useClass: IonicErrorHandler}
  ]
})
export class AppModule {}
```

app.module.tsでは、アプリ内で利用する機能を登録しています。Ionicでは、ただフォルダ内にファイルを置くだけでは使うことはできないようになっていて、明示的に@NgModuleに登録する必要があります。開発中、「なぜか動かない」ときの多くは@NgModuleへの登録忘れなので、ぜひ覚えておいてください。具体的な書き方は60ページからのチュートリアルで確認します。

IonicModule.forRoot(MyApp)で、最初に立ち上げるページを登録しています。MyAppは同じフォルダの./app.componentから呼び出しているので、次にapp.component.tsが次に読み込まれることになります。

◉ファイルの呼び出し順

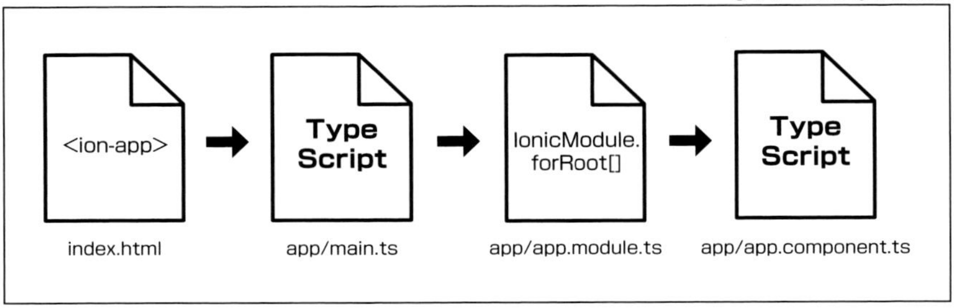

<ion-app> → TypeScript → IonicModule.forRoot[] → TypeScript

index.html → app/main.ts → app/app.module.ts → app/app.component.ts

app.component.tsを見ると、templateUrlにapp.htmlが指定されています。ここから、app.htmlを呼び出して、アプリの表示に至ります。

SAMPLE CODE src/app/app.component.ts

```
@Component({
    templateUrl: 'app.html'
})
export class MyApp {
... (以下略) ...
```

最初の表示画面を読み解こう

app.htmlの中身を見てみましょう。

SAMPLE CODE src/app/app.html

```
<ion-menu [content]="content">

  <ion-header>
    <ion-toolbar>
      <ion-title>Pages</ion-title>
    </ion-toolbar>
  </ion-header>

  <ion-content>
    <ion-list>
      <button ion-item *ngFor="let p of pages" (click)="openPage(p)">
        {{p.title}}
      </button>
    </ion-list>
  </ion-content>

</ion-menu>

<ion-nav [root]="rootPage" #content swipeBackEnabled="false"></ion-nav>
```

このテンプレートでは、<ion-menu>がサイドバー、<ion-nav>がメインコンテンツの表示エリアになっており、表示する内容をapp.component.tsで設定しています。

<ion-menu>は、左上のハンバーガーメニューをクリックすると表示されます。

◉表示領域

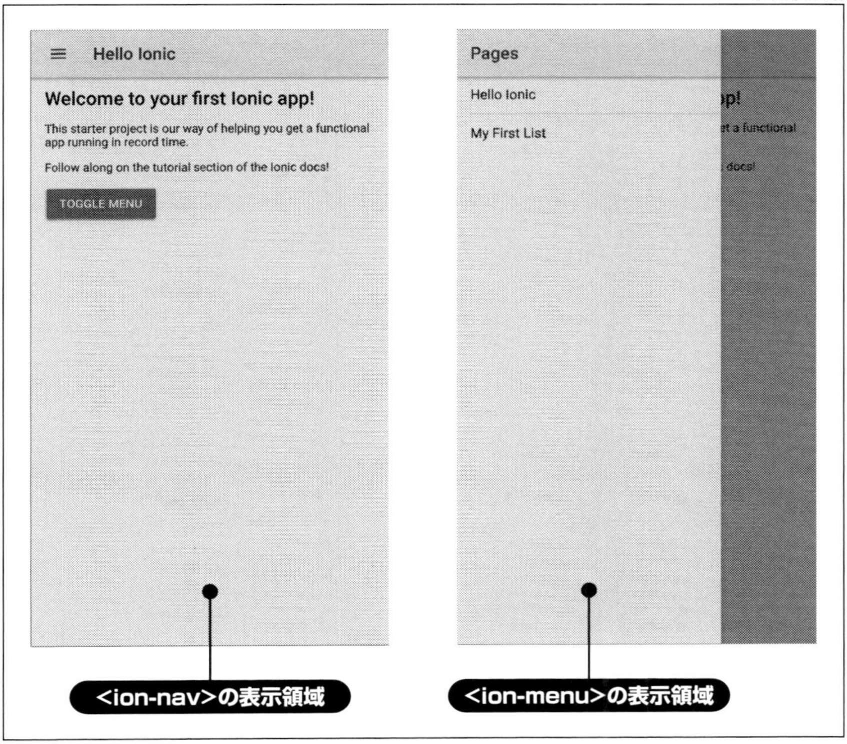

▶ <ion-menu>の中身

<ion-menu>の中に、<button ion-item *ngFor="let p of pages" (click)="openPage(p)">という要素があります。*ngForと(click)は見慣れない構文ではないでしょうか。これをテーマに、app.htmlとapp.component.tsの動きを見ていきます。

*ngForは繰り返しを指示する構文です。中身がlet p of pagesとなっており、これは「pagesという配列から、1つずつ順番にpという名前で取り出して繰り返して表示」を指示しています。そのため、<button>で囲まれた中身はp.title（pの中のtitleを取り出して表示）となっています。

pagesについてapp.component.tsで確認します。20行目に、pagesの型宣言が行われています。

SAMPLE CODE src/app/app.component.ts

```
pages: Array<{title: string, component: any}>;
```

これはTypeScriptによる型の宣言で、**pages**の中にはオブジェクト（**{}**）が配列（**Array**）で入ることが記述されています。オブジェクトの中には、string型（文字列）を入れる**title**と、any型（任意のもの）が入る**component**が用意されています。

実際に**pages**の中に値をセットしているのは、31行目の記述です。

SAMPLE CODE src/app/app.component.ts

```
this.pages = [
  { title: 'Hello Ionic', component: HelloIonicPage },
  { title: 'My First List', component: ListPage }
];
```

pagesが**this.pages**になっているのは、メソッドでくくられているからです。

◉thisの説明

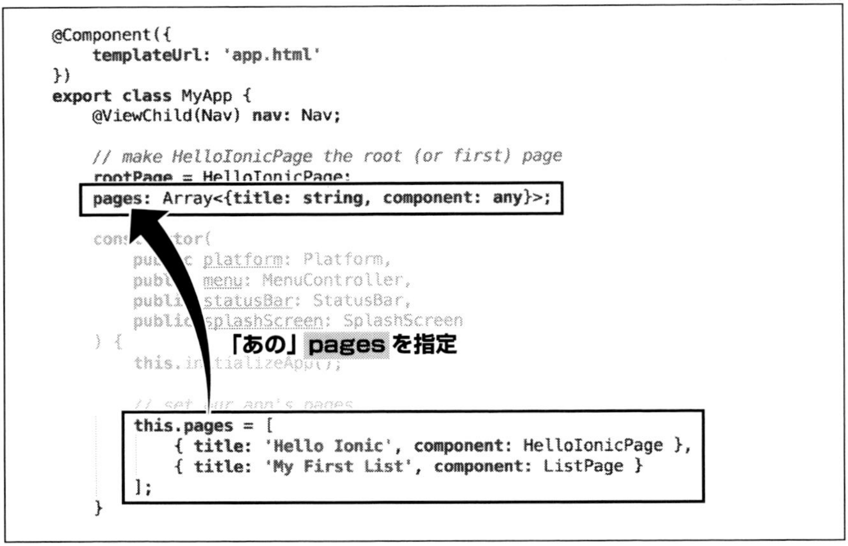

```
@Component({
    templateUrl: 'app.html'
})
export class MyApp {
    @ViewChild(Nav) nav: Nav;

    // make HelloIonicPage the root (or first) page
    rootPage = HelloIonicPage;
    pages: Array<{title: string, component: any}>;

    constructor(
        public platform: Platform,
        public menu: MenuController,
        public statusBar: StatusBar,
        public splashScreen: SplashScreen
    ) {
        this.initializeApp();

        // set our app's pages
        this.pages = [
            { title: 'Hello Ionic', component: HelloIonicPage },
            { title: 'My First List', component: ListPage }
        ];
    }
```

「あの」pages を指定

pagesの中身は、2つのオブジェクトがセットされています。したがって、画面上ではメニューは2つの項目が表示されています。

このようにHTMLテンプレートとTSファイル間で値を共有することを「**データバインディング**」といいます。ここではサイドメニューをバインディングしていますが、inputで入力した値をリアルタイムに監視してエラーを出したりすることもできる、とても便利な機能です。

(click)も見覚えがないのではないでしょうか。これは**onClick**と同じ意味で、ユーザがこの要素をクリックすると、ここで設定されているメソッドが実行されます。**(click)="openPage(p)"**なので、ここではユーザがクリックすると**openPage(p)**が実行されるように設定されています。

app.component.tsを見ると、**openPage(p)**がどのような処理をしているかがわかります。

SAMPLE CODE src/app/app.component.ts

```
openPage(page) {
  // close the menu when clicking a link from the menu
  this.menu.close();
  // navigate to the new page if it is not the current page
  this.nav.setRoot(page.component);
}
```

これを実行することによって「メニューをクリックして、ページ入れ替え」が行われます。this.menu.close()でメニューを閉じて、this.nav.setRoot(page.component);でメインコンテンツを表示している<ion-nav>の入れ替えを行っています。

◉クリックしたら、コンテンツを入れ替える

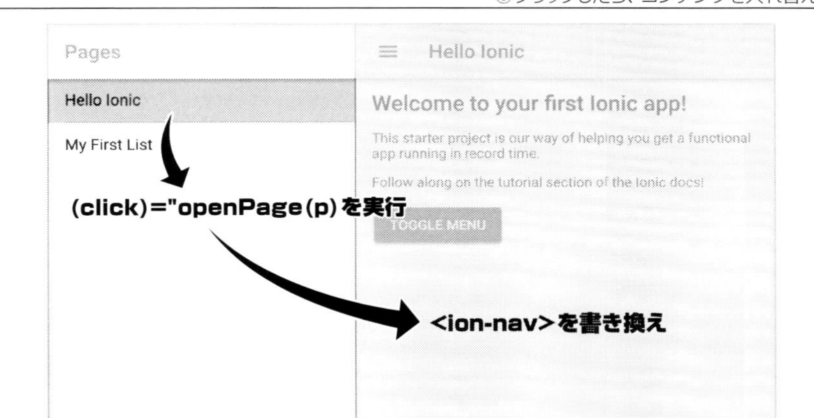

また、<ion-menu [content]="content">で[content]プロパティにcontentを指定してることによって、メニューが表示されている間は#contentがついている<ion-nav>を右に押し出して表示することができるようになります。

▶<ion-nav>のプロパティ

app.htmlの<ion-nav>にはさまざまなプロパティがついています。

SAMPLE CODE src/app/app.html

```
<ion-nav [root]="rootPage" #content swipeBackEnabled="false">
```

#contentで、ion-navにcontentという名前をつけています。これは要素を参照するときに利用します。また、swipeBackEnabledでスワイプを無効化しています。

最初にある[root]は、この中身に何を表示するか決めるプロパティです。ここではrootPageで設定されているページを指定しており、rootPageはapp.component.tsの19行目で次のように書かれています。

SAMPLE CODE src/app/app.component.ts

```
import { HelloIonicPage } from '../pages/hello-ionic/hello-ionic';
... (中略) ...
export class MyApp {
  @ViewChild(Nav) nav: Nav;

  // make HelloIonicPage the root (or first) page
  rootPage = HelloIonicPage;
```

rootPageに入っているのはHelloIonicPageであり、これはsrc/pages/hello-ionic/hello-ionic(.ts)から呼び出されています。

◉ファイルの呼び出し順

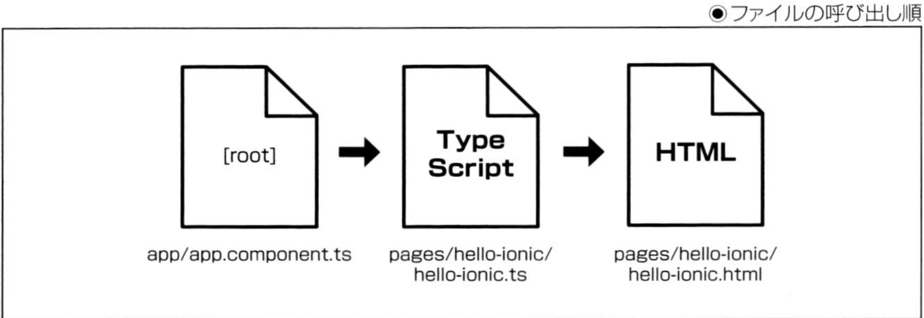

表示エリア(要素)を指定してその中にHelloIonicPageを呼び出して表示しているのです。

src/pages/hello-ionic/hello-ionic(.ts)は、次のようにtemplateUrlでhello-ionic.htmlを呼び出しています。

SAMPLE CODE src/pages/hello-ionic/hello-ionic.ts

```
@Component({
  selector: 'page-hello-ionic',
  templateUrl: 'hello-ionic.html'
})
```

そのため、hello-ionic.htmlを見ると、最初に呼び出されるHTMLのテンプレートとなっています。

SAMPLE CODE src/pages/hello-ionic/hello-ionic.html

```
<ion-header>
  <ion-navbar>
    <button ion-button menuToggle>
      <ion-icon name="menu"></ion-icon>
    </button>
    <ion-title>Hello Ionic</ion-title>
  </ion-navbar>
</ion-header>
```

```
<ion-content padding>

  <h3>Welcome to your first Ionic app!</h3>

  <p>
    This starter project is our way of helping you get a functional app running in record
    time.
  </p>
  <p>
    Follow along on the tutorial section of the Ionic docs!
  </p>
  <p>
    <button ion-button color="primary" menuToggle>Toggle Menu</button>
  </p>

</ion-content>
```

このようにIonicでは、次々にTSファイルを呼び出してきて、それ経由にHTMLテンプレートを表示する、ということを繰り返して開発します。

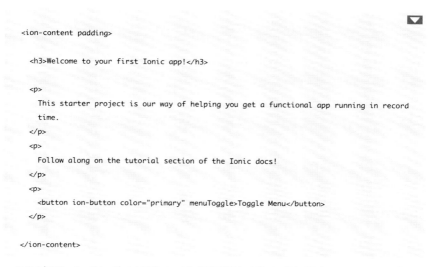

SECTION-010

タスクリストアプリを作ってみよう ～チュートリアル①

前章で作ったionic_tutorialのプロジェクトを使って、タスクリストのアプリを作ってみましょう。ionic serveコマンドを実行して、プレビュー画面を表示したまま作業を進めるようにしてください。

ステップ1 HTMLテンプレートを変更する

最初にタスクリストのHTMLテンプレートを用意しましょう。

タスクリストにはCRUD(Create、Read、Update、Delete)といわれる機能が必要なので、上部に<form>があり、入力したタスクは下部にリストで表示される簡易なものを用意します。どちらもIonicがコンポーネントを用意しているので、それを使っていきましょう。

◉CRUDとは

create read update delete

C R U D

inputはFloating Labelsという、フォーカスを当てるとラベルが左上に移動するタイプのものを利用します。ion-labelとion-inputを、ion-itemとion-listでくくって次のように使います(詳しい使い方は公式ドキュメントをご覧ください)。

- ion-list

  URL https://ionicframework.com/docs/components/#floating-labels

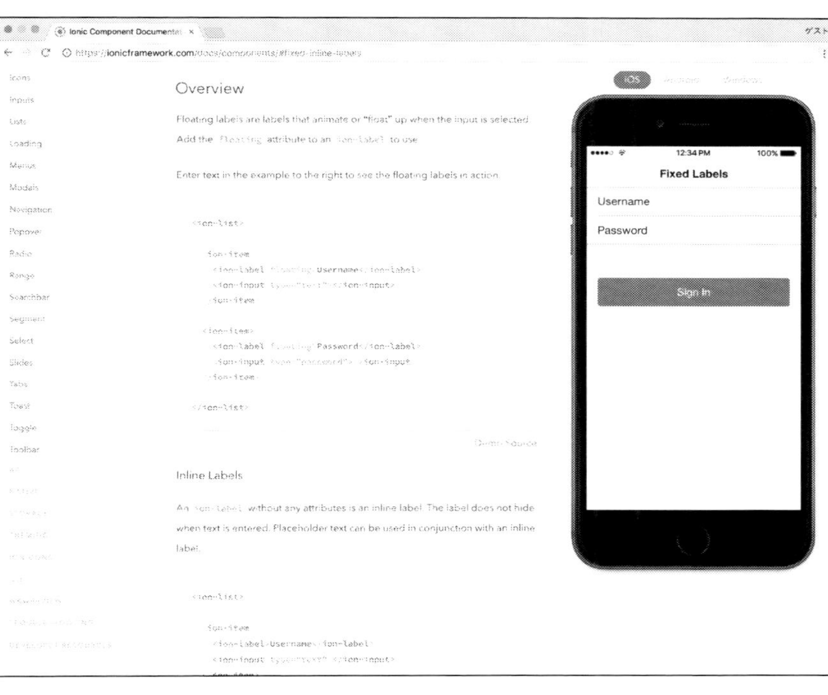


```
<ion-list>
  <ion-item>
    <ion-label floating>タスク</ion-label>
    <ion-input type="text"></ion-input>
  </ion-item>
</ion-list>
```

Listは**ion-item**を次のように**ion-list**でくくって使います。

```
<ion-list>
  <ion-item>タスク 1 </ion-item>
  <ion-item>タスク 2 </ion-item>
</ion-list>
```

また、Buttonコンポーネントは、**<button ion-button ion-button block>追加</button>**のように利用します。これを組み合わせて組んで、**src/pages/hello-ionic/hello-ionic.html**の**ion-content**内を次のように書き換えてください。

なお、左に「-」がついている行を削除して「+」がついている行を追加します。

SAMPLE CODE src/pages/hello-ionic/hello-ionic.html

```
  <ion-content padding>
-   <h3>Welcome to your first Ionic app!</h3>
-   <p>
-     This starter project is our way of helping you get a functional app running in record
-     time.
-   </p>
-   <p>
-     Follow along on the tutorial section of the Ionic docs!
-   </p>
-   <p>
-     <button ion-button color="primary" menuToggle>Toggle Menu</button>
-   </p>

+   <form padding>
+     <ion-list>
+       <ion-item>
+         <ion-label floating>タスク</ion-label>
+         <ion-input type="text"></ion-input>
+       </ion-item>
+     </ion-list>
+     <button type="submit" ion-button block>追加</button>
+   </form>
+
+   <ion-list>
+     <ion-item>タスク１</ion-item>
+     <ion-item>タスク２</ion-item>
+   </ion-list>
  </ion-content>
```

<form>にmethodやactionの設定がないのは、これらはTSファイルで制御するためです。ファイルを保存すると次のように表示されます。

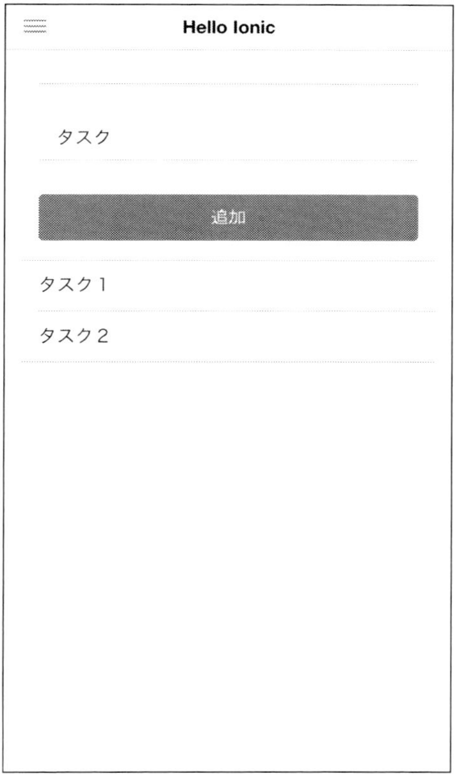

Hello Ionic

タスク

追加

タスク1

タスク2

`padding`、`block`はCSSを付与するためのプロパティで、それぞれ`text-align:center`、`padding:16px`、`display:block`をその要素につけます。

公式ドキュメントのCSS UtilitiesにどのようなプロパティがあるかÈ書かれていますので、ぜひドキュメントもあわせてご覧ください。

- CSS Utilities

  URL https://ionicframework.com/docs/theming/css-utilities/

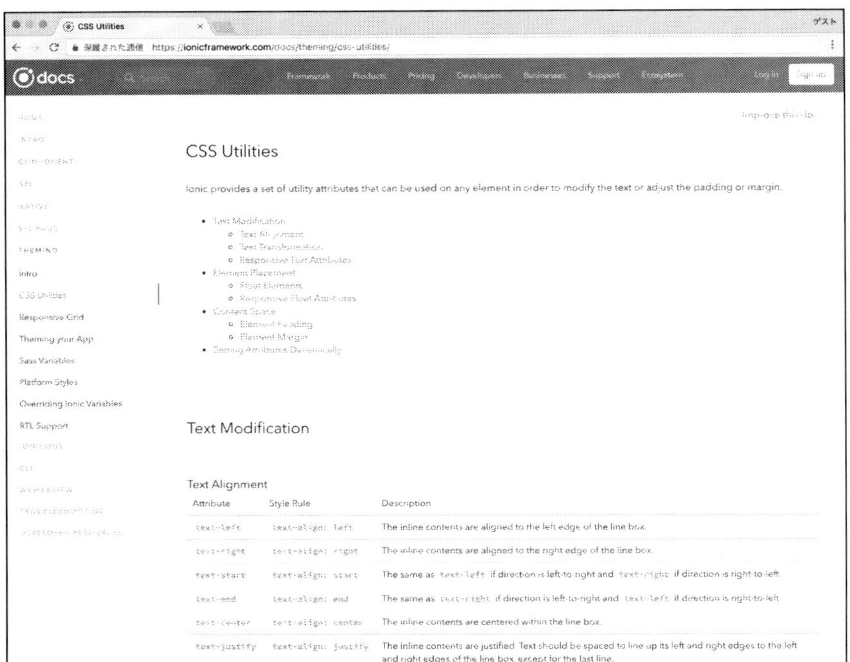

Ⅲ ステップ2　HTMLに直接書いていない値を表示する

HTMLファイルとTSファイルで値を共有する「データバインディング」を実装しましょう。

▶ 変数のバインディング

HTMLファイルをTSファイルから操作してみます。6行目`<ion-title>Hello Ionic</ion-title>`の文字を、`src/pages/hello-ionic/hello-ionic.ts`で操作します。

まず、`hello-ionic.ts`で、`title`というstring型の変数を用意して、そこに「タスク登録」という文字を入れます。

SAMPLE CODE src/pages/hello-ionic/hello-ionic.ts

```
  export class HelloIonicPage {
+   title: string = 'タスク登録';
    constructor() {
  ... (以下略) ...
```

`export class`の中の変数(以下、「プロパティ」)は、HTMLファイルと値を共有することができます。

`<ion-header>`を次のようにしてください。

SAMPLE CODE src/pages/hello-ionic/hello-ionic.html

```
  <ion-header>
    <ion-navbar>
      <button ion-button menuToggle>
        <ion-icon name="menu"></ion-icon>
      </button>
-     <ion-title>Hello Ionic</ion-title>
+     <ion-title>{{title}}</ion-title>
    </ion-navbar>
  </ion-header>
```

ファイルを保存すると次のように表示されます。

TSファイルのプロパティ`title`をHTML側で`{{}}`を使ってバインディングして、表示することができました。

▶ 配列のバインディング

次にhello-ionic.htmlに**タスク１**、**タスク２**と直接、書いているものを、TSファイルで設定するようにします。

TSファイルにプロパティtasksという配列を用意します。オブジェクトには、string型のnameが格納されるものとします。そのため、nameがキーとなるオブジェクトの型は{ name: string }であり、それが配列[]で格納されるので、型の宣言は{ name: string }[]です（配列は[]とArray<>のどちらの表記も可能です）。

そこに**タスク１**、**タスク２**という値を用意するので次のようになります。

SAMPLE CODE src/pages/hello-ionic/hello-ionic.ts

```
  export class HelloIonicPage {
    title: string = 'タスク登録';
+   tasks: { name: string }[] = [
+     { name: 'タスク１' },
+     { name: 'タスク２' },
+   ];
```

これをHTMLに反映させます。

SAMPLE CODE src/pages/hello-ionic/hello-ionic.html

```
  <ion-list>
-   <ion-item>タスク１</ion-item>
-   <ion-item>タスク２</ion-item>
+   <ion-item *ngFor="let t of tasks">{{t.name}}</ion-item>
  </ion-list>
```

オブジェクト内の配列を順番に展開します。*ngFor="let 【変数】 of 【展開する配列】"という構文で、配列をループで取り出して変数にいれることができます。ここでは、tasksという配列から、値を順番に取り出してtという変数に格納しています。1回目のループではタスク1のオブジェクト、2回目にはタスク2のオブジェクトが格納されています。

取り出したオブジェクトをバインディングしているのが{{t.name}}です。オブジェクトの値の取り出しは、キーをピリオドでつなげることによって可能です。

配列を展開して、オブジェクトごとにバインディングすることができました。

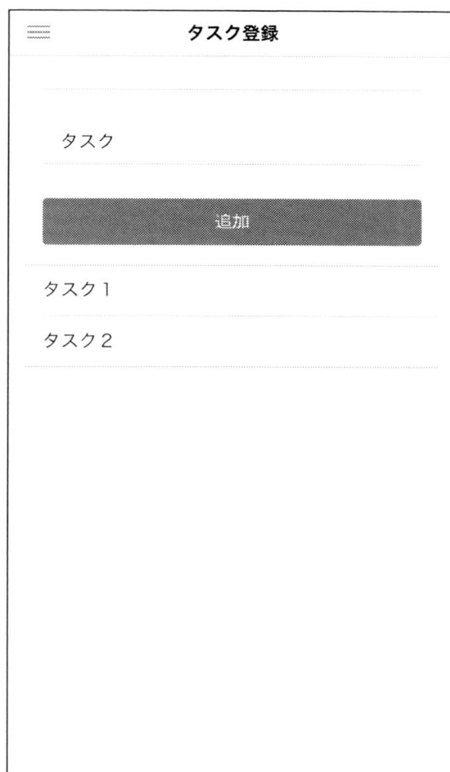

ステップ3　タスクの登録・表示と保存

<form>を使ってタスクを登録できるようにしましょう。

▶ inputのバインディング

inputの値をTSファイルと共有するためにバインディングを行います。先ほどはTSファイルからHTMLファイルに一方向でしたが、今回は双方向に値をやり取りします。

<input>をラッピングしたオリジナルタグ<ion-input>に、[(ngModel)]を追記します。ngModelというプロパティを[()]でくくることにより値を双方向にやり取りすることができます。同時にnameも追記します。

SAMPLE CODE src/pages/hello-ionic/hello-ionic.html

```
  <form padding>
    <ion-list>
      <ion-item>
        <ion-label floating>タスク</ion-label>
-        <ion-input type="text"></ion-input>
+        <ion-input type="text" [(ngModel)]="task" name="task"></ion-input>
      </ion-item>
```

```
    </ion-list>
    <button type="submit" ion-button block>追加</button>
  </form>
```

次に、TSファイルでプロパティtaskを定義します。文字列が入るので、string型です。

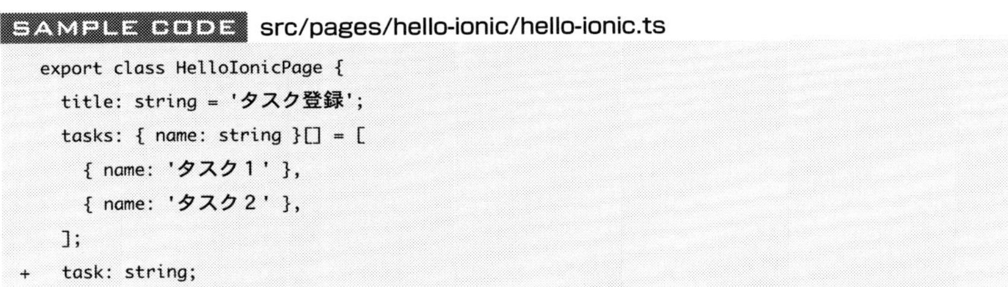

SAMPLE CODE src/pages/hello-ionic/hello-ionic.ts

```
  export class HelloIonicPage {
    title: string = 'タスク登録';
    tasks: { name: string }[] = [
      { name: 'タスク1' },
      { name: 'タスク2' },
    ];
+   task: string;
```

これにより、TSファイルのプロパティtaskと値を共有することができるようになりました。

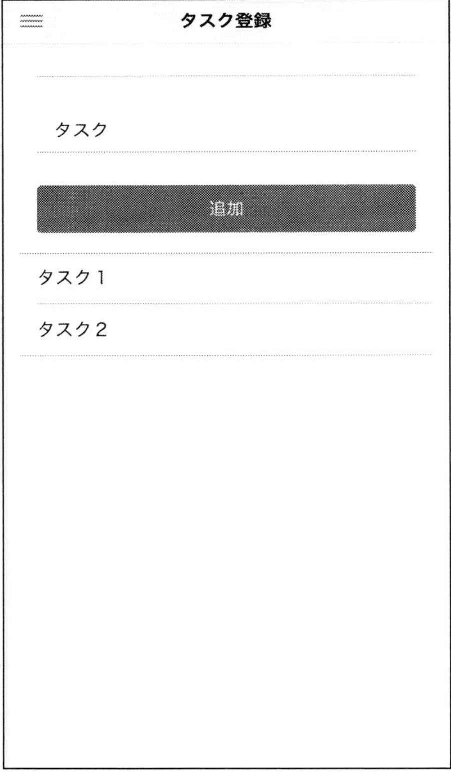

▶ <form>にイベントを紐付けしてのタスクの登録・表示

タスクを追加するメソッドaddTask()を作成します。このメソッドでは、<ion-input>と値を共有しているプロパティtaskの値を、プロパティtasksに入れます。次にプロパティtaskを空にすることによって、<ion-input>を空にします。

SAMPLE CODE src/pages/hello-ionic/hello-ionic.ts

```
export class HelloIonicPage {
  title: string = 'タスク登録';
  task: string;
  tasks: { name: string }[] = [
    { name: 'タスク1' },
    { name: 'タスク2' },
  ];
  constructor() {


  }

+  addTask() {
+    this.tasks.push({
+      name: this.task
+    });
+    this.task = '';
+  }
}
```

プロパティにメソッド内からアクセスするためには、thisをつける必要があります。そのため、addTask()からtasksにアクセスするためには、this.tasksと表記します。

ここでは、プロパティtasksの配列最後尾に{ name: this.task }(this.taskはinputの中身)をpush()を使って追記しています。それが終わった後、this.task = '';によって<ion-input>を空にします。

それではこのメソッドを<form>に紐づけます。submitイベントが起きたときにメソッドを走らせたいので、次のようにイベントを追記します。

SAMPLE CODE src/pages/hello-ionic/hello-ionic.html

```
- <form padding>
+ <form padding (submit)="addTask()">
    <ion-list>
      <ion-item>
        <ion-label floating>タスク</ion-label>
```

それでは、実際に動かしてみましょう。「タスク3」とを入力して、追加ボタンをクリックしてください。タスク下部に入力された値が追加され、<input>は空になるのが確認できます。

▶ タスクの永続化

今は、タスクはメモリ上に一時保存している状態で、ブラウザをリロードすると入力したデータが消えてしまいます。そこで**Web Storage**を使ってデータを永続化します。

Web Storageは、HTML5でクッキーに代わるデータの仕組みとして提供されたKey-Value型でブラウザにデータ保存する仕組みで、sessionStorageとlocalStorageの2種類があります。sessionStorageはウィンドウごとのセッションで有効ですが、ウィンドウが閉じられるとデータが失われます。localStorageはブラウザ内に永続的にデータを保存することがでるので、今回はこちらを使います。

使い方は簡単で`localStorage.setItem('Key','Value');`で、Keyという名前でValueを保存し、`localStorage.getItem('Key')`でそのKeyに割り当てられた値を取得することができます。保存できるのはstring型だけなので、今回のように配列を格納するときは、文字列に変換する必要があります。

タスク登録では、`addTask()`を実行する時に値を保存するので、次のように書きます。`this.tasks`を`JSON.stringify()`を使ってJSON文字列にして、`tasks`という名前で保存します。

SAMPLE CODE src/pages/hello-ionic/hello-ionic.ts

```
  addTask() {
    this.tasks.push({
      name: this.task
    });
+   localStorage.setItem('tasks', JSON.stringify(this.tasks));
    this.task = '';
  }
```

また、このページを読み込むときに、localStorageから値を読み込む必要があります。

Ionicでは、ページ読み込み時のライフサイクル(自動実行されるメソッド)に`ionViewWillEnter`を提供しているのでこれを使います(詳しくは87ページを参照してください)。

SAMPLE CODE src/pages/hello-ionic/hello-ionic.ts

```
  export class HelloIonicPage {
    title: string = 'タスク登録';
    task: string;
    tasks: { name: string }[] = [
        { name: 'タスク１' },
        { name: 'タスク２' },
    ];
    constructor() {

    }

+ ionViewWillEnter() {
+   if(localStorage.getItem('tasks')){
+       this.tasks = JSON.parse(localStorage.getItem('tasks'));
+   }
+ }
```

localStorageに`tasks`が保存されている場合、`tasks`を取り出します。KeyがlocalStorageに保存されているかは`localStorage.getItem('Key')`で確認することができます。そして、JSON文字列になった`tasks`を`JSON.parse()`を使って配列に戻して、プロパティ`tasks`を上書きしています。

実際に動かしてみましょう。保存したタスクはブラウザを更新しても消えずに残っているのが確認できます。

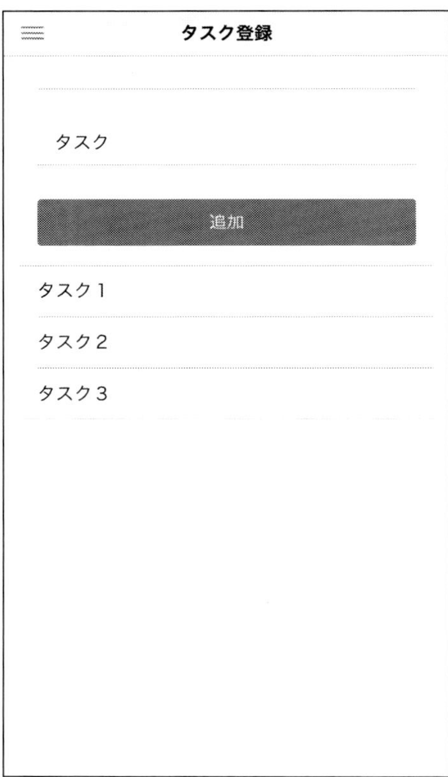

▶ 値のバリデーション

今のままでは、タスクを入力していない状態でも、タスクの追加を行うことができます。そこで、値をバリデーション（正当性チェック）して、バリデーションが通らないと追加ボタンを押せないようにします。

まず、<ion-input>のバリデーションルールを定義します。今回は「必須入力」「3文字以上、20文字以下」に設定します。これにはHTML5のinput属性を使います。

次にForm全体でバリデーションを行うために、Formタグに#f="ngForm"を追記します。これは、HTMLテンプレート内で使うローカル変数を作る機能で、ngFormという機能を変数fの中に入れています。これによってこのForm内のバリデーションをfを使ってできるようになりました。

SAMPLE CODE src/pages/hello-ionic/hello-ionic.html

```
- <form padding (submit)="addTask()">
+ <form padding (submit)="addTask()" #f="ngForm">
    <ion-list>
      <ion-item>
        <ion-label floating>タスク</ion-label>
```

```
-       <ion-input type="text" [(ngModel)]="task" name="task"></ion-input>
+       <ion-input type="text" [(ngModel)]="task" name="task" required
+                 minlength="3" maxlength="20"></ion-input>
      </ion-item>
    </ion-list>
-   <button type="submit" ion-button block>追加</button>
+   <button type="submit" ion-button block [disabled]="!f.form.valid">追加</button>
  </form>
```

バリデーションを通過していないとタスクの追加をできないようにするため、buttonに[disabled]を追記しています。ここでは、フォームf内のバリデーションform.validがtrueかfalseかを判定して、falseであった場合は[disabled]を有効にします。

これで、3文字以上入力していないとボタンをクリックできないようになりました。

ステップ4　タスク一覧を別ページで作成する

別ページを作り、そこにタスク一覧を表示するようにしましょう。

▶別ページの生成

Ionicでは、新しいページを作るときには、コマンドラインを使って自動生成することができます。

`ionic serve`を`Control`キーと`C`キー（Windowsの場合は、`Alt`+`Ctrl`+`C`キー）を同時に押して終了し、次のコマンドを入力ください。

```
$ ionic g
```

gは**generate**の略です。実行すると、次のように「何を作るか」の選択ができるので、上下矢印キーで**page**を選択して、Enterキーで実行してください。

```
? What would you like to generate: (Use arrow keys)
  component
  directive
❯ page
  pipe
  provider
  tabs
```

次に、ページ名を聞かれるので`taskList`と入力して、Enterキーで実行してください。なお、このページ名はプロジェクト内で一意（ユニーク。重複がない名前）である必要があります。

```
? What should the name be? taskList
```

5秒ほど経つと、次のように表示されます。

```
[OK] Generated a page named taskList!
```

生成されたファイルは、`src/pages/task-list/`内にあり、これで今後、`TaskListPage`を使うことができます（自動的に語尾に「Page」がつきます）。

`src/pages/task-list/`内には、他の`Pages`のフォルダにはない`task-list.module.ts`というモジュールファイルがあります。これは`app.module.ts`と同じモジュールファイルで、「**Lazy Loading（遅延読み込み）**」を実現するためのものです。

Ionicでは`index.html`は1つで、他をすべてTSファイルを通して操作するため、TSファイルをコンパイルして作成するJavaScriptファイルが大きくなってしまいます。そのままでは初期ロードにとても時間がかかってしまうため、JavaScriptファイルを**モジュール**という単位に分けて、実行に必要なときに読み込むことができる機能を実装しています。

●Lazy Loadingによる読み込み速度改善

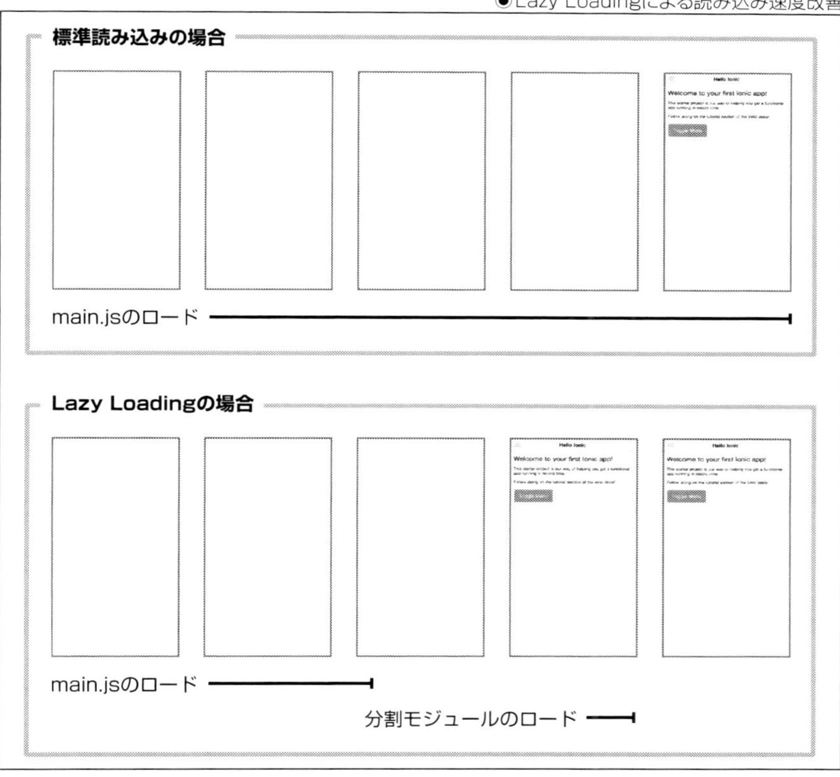

この機能を使うためには、2つの手続きが必要です。1つ目は、@Componentの上に@IonicPageをつけることです。src/pages/task-list/task-list.tsを見ると、次のように@IonicPageがついています。

SAMPLE CODE src/pages/task-list/task-list.ts

```
@IonicPage()
@Component({
  selector: 'page-task-list',
  templateUrl: 'task-list.html',
})
export class TaskListPage {
```

2つ目は、@Componentのファイル名にmoduleをつけたモジュールファイルを用意することです。そのため、task-list.tsのモジュールファイルはtask-list.module.tsとなっています。

▶メニューへの追加

TaskListをメニューに追加します。サイドメニューはsrc/app/app.component.tsの次の部分で定義されています。

SAMPLE CODE src/app/app.component.ts

```
this.pages = [
  { title: 'Hello Ionic', component: HelloIonicPage },
  { title: 'My First List', component: ListPage }
];
```

ここに**タスク一覧**というtitleで、TaskListPageを呼び出すメニューを追加しましょう。また、利用していないMy First Listを削除して、Hello Ionicは**タスク登録**というメニュー名に変更します。

SAMPLE CODE src/app/app.component.ts

```
  this.pages = [
-     { title: 'Hello Ionic', component: HelloIonicPage },
-     { title: 'My First List', component: ListPage }
+     { title: 'タスク登録', component: HelloIonicPage },
+     { title: 'タスク一覧', component: 'TaskListPage' }
  ];
```

Ionicでは、Lazy Loadingするページは、文字列として記述するルールがあるので「'TaskListPage'」と「'」をつける必要があります。また、Lazy LoadingしていないHelloIonicPageのように、冒頭でimportした上で、app.module.tsにも追記する必要はありません。

追記したらファイルを保存して確認ください。サイドメニューに「タスク一覧」が追加されており、クリックすると「taskList」というタイトルの空白のブランクページが表示されます(ionic serveを停止したままの場合は、再度ionic serveコマンドを実行するようにしておいてください)。

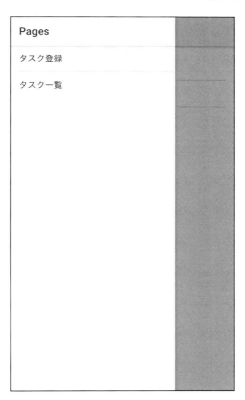

▶ taskListへのタスク一覧の移動

タスク一覧を移動します。まず、`src/pages/task-list/task-list.html`を次のように変更します。

SAMPLE CODE src/pages/task-list/task-list.html

```
<ion-header>
  <ion-navbar>
-     <ion-title>taskList</ion-title>
+     <button ion-button menuToggle>
+       <ion-icon name="menu"></ion-icon>
+     </button>
+     <ion-title>タスク一覧</ion-title>
  </ion-navbar>
</ion-header>

<ion-content padding>
+  <ion-list>
+    <ion-item *ngFor="let t of tasks">{{t.name}}</ion-item>
+  </ion-list>
</ion-content>
```

<ion-header>にメニューを表示するための<button>を追記し、タイトルを「タスク一覧」にしました。また、<ion-content>にリストを移動しています。

次に、src/pages/task-list/task-list.tsにtasksを追加して、ionViewWillEnter()にlocalStorageの読み込みを追加します。

SAMPLE CODE src/pages/task-list/task-list.ts

```
  export class TaskListPage {
+   tasks: { name: string }[] = [
+      { name: 'タスク１' },
+      { name: 'タスク２' },
+   ];

    constructor(public navCtrl: NavController, public navParams: NavParams) {
    }

+   ionViewWillEnter() {
+       if(localStorage.getItem('tasks')){
+           this.tasks = JSON.parse(localStorage.getItem('tasks'));
+       }
+   }
```

これを保存して実行すると「タスク登録」と「タスク一覧」でタスクを共有するのを確認することができます。

ステップ5 タスクの変更・削除をAPIと組み合わせて実装する

「タスク一覧」で、タスクの変更・削除を実装していきましょう。ここでは、アクションシートというユーザが複数のオプションから選択できるダイアログと、アラートを組み合わせて実装します。

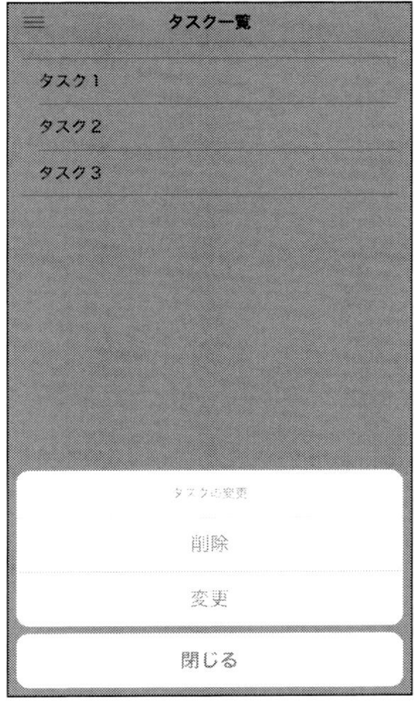

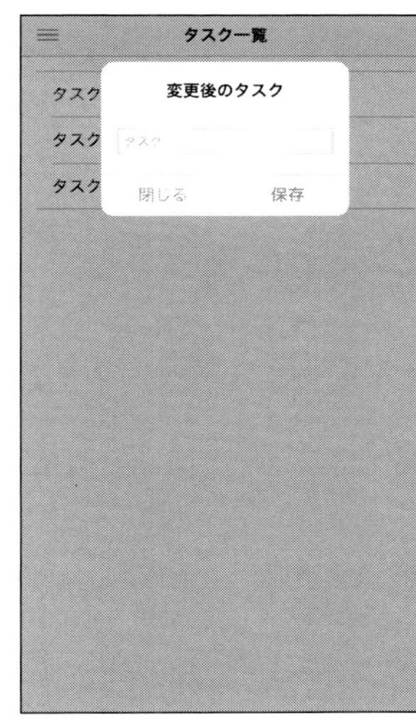

▶ アクションシートの表示

まず、アクションシートの公式ドキュメント(下記URL)を見てみましょう。

URL https://ionicframework.com/docs/components/#action-sheets

Basic Usage(基本的な利用方法)では、次のコードが紹介されています。

```
import { ActionSheetController } from 'ionic-angular';

export class MyPage {
  constructor(public actionSheetCtrl: ActionSheetController) {
  }

  presentActionSheet() {
    let actionSheet = this.actionSheetCtrl.create({
      title: 'Modify your album',
      buttons: [
        {
          text: 'Destructive',
          role: 'destructive',
```

```
          handler: () => {
            console.log('Destructive clicked');
          }
        },{
          text: 'Archive',
          handler: () => {
            console.log('Archive clicked');
          }
        },{
          text: 'Cancel',
          role: 'cancel',
          handler: () => {
            console.log('Cancel clicked');
          }
        }
      ]
    });
    actionSheet.present();
  }
}
```

1行目で、ionic-angularというパッケージからActionSheetControllerを呼び出しています。そして、class MyPageで使うために、MyPage呼び出し時にconstructorで、ActionSheetControllerをactionSheetCtrlという名前の引数に注入しています。

そうすると、let actionSheet = this.actionSheetCtrl.createという形で使えるわけです。

では、これを実際に「タスクリスト」に導入してみましょう。

SAMPLE CODE src/pages/task-list/task-list.ts

```
  import { Component } from '@angular/core';
- import { IonicPage, NavController, NavParams } from 'ionic-angular';
+ import { IonicPage, NavController, NavParams,
+     ActionSheetController } from 'ionic-angular';

  @IonicPage()
  @Component({
    selector: 'page-task-list',
    templateUrl: 'task-list.html',
  })
  export class TaskListPage {
    tasks: { name: string }[] = [
      { name: 'タスク１' },
      { name: 'タスク２' },
    ];
    constructor(
      public navCtrl: NavController,
```

```
      public navParams: NavParams,
+     public actionSheetCtrl: ActionSheetController
    ){}
```

ionic-angularから呼び出すオブジェクトにActionSheetControllerを追加しました。また、constructorも見やすいように変数ごとに改行して、末尾にActionSheetControllerを追記しました。

では、タスクをタップしたらアクションシートを表示するようにします。src/pages/task-list/task-list.htmlのタスク（<ion-item>）をタップすると、changeTask()が実行されるようにします。

SAMPLE CODE src/pages/task-list/task-list.html

```
  <ion-content padding>
    <ion-list>
-     <ion-item *ngFor="let t of tasks">{{t.name}}</ion-item>
+     <ion-item *ngFor="let t of tasks" (tap)="changeTask()">{{t.name}}</ion-item>
    </ion-list>
  </ion-content>
```

次に、src/pages/task-list/task-list.tsでchangeTask()を定義します。

SAMPLE CODE src/pages/task-list/task-list.ts

```
+ changeTask() {
+   let actionSheet = this.actionSheetCtrl.create({
+     title: 'タスクの変更',
+     buttons: [
+       {
+         text: '削除',
+         role: 'destructive',
+         handler: () => {
+           console.log('Destructive clicked');
+         }
+       },{
+         text: '変更',
+         handler: () => {
+           console.log('Archive clicked');
+         }
+       },{
+         text: '閉じる',
+         role: 'cancel',
+         handler: () => {
+           console.log('Cancel clicked');
+         }
+       }
+     ]
+   });
```

```
+   actionSheet.present();
+ }
```

基本的には公式ドキュメントのBasic Usageをそのまま利用していますが、アクションシートのタイトルを「**タスクの変更**」にしています。また、Destructive, Archive, Cancelではわかりにくいので、表記は「**削除、変更、閉じる**」に変更しています。

これを保存して、ブラウザ上で「タスクリスト」のタスクをクリックするとアクションシートが表示できることを確認します。

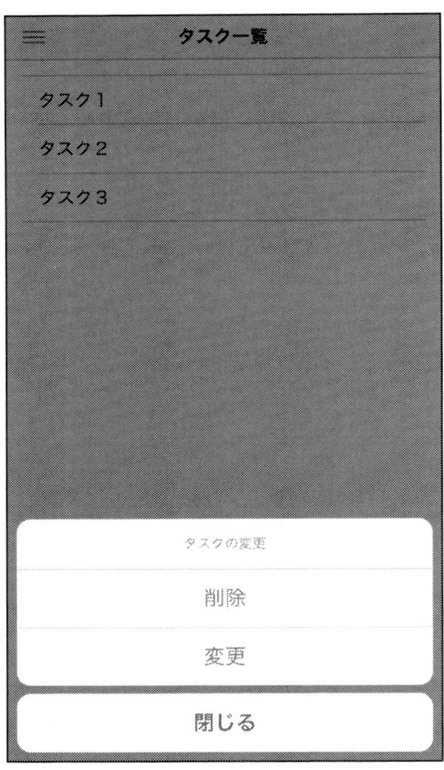

▶ タスクの削除の実装

タスクの削除を実装していきます。まず、*ngForにlet i = indexを追加します。*ngForは、ループ回数をindexに格納するので、それをiという変数に入れてイベントに引き渡すためです。

そのため、changeTask()に引数をつけてchangeTask(i)に変更します。

SAMPLE CODE src/pages/task-list/task-list.html

```
  <ion-content padding>
    <ion-list>
-     <ion-item *ngFor="let t of tasks; (tap)="changeTask()">{{t.name}}</ion-item>
+     <ion-item *ngFor="let t of tasks;let i = index"
+               (tap)="changeTask(i)">{{t.name}}</ion-item>
    </ion-list>
  </ion-content>
```

また、その引数をsrc/pages/task-list.tsのchangeTaskで、indexという引数名で受け取ります。型はnumberです。buttonsの一番上に削除時の処理を記述します。

SAMPLE CODE src/pages/task-list/task-list.ts

```
- changeTask() {
+ changeTask(index: number) {
    let actionSheet = this.actionSheetCtrl.create({
      title: 'タスクの変更',
      buttons: [
        {
          text: '削除',
          role: 'destructive',
          handler: () => {
-           console.log('Destructive clicked');
+           this.tasks.splice(index, 1);
+           localStorage.setItem('tasks', JSON.stringify(this.tasks));
          }
```

「削除」をクリックしたときの挙動はhandler内で定義するので、handlerにtasksのindex番目を削除する処理を書きます。そして、それをlocalStorageの値を上書き保存します。

保存してブラウザで実行してください。アクションシートから削除をクリックすると、タップしたタスクが削除できるようになります。

▶ タスクの変更の実装

タスクを変更できるようにします。タスクの変更は、アクションシートをクリックすると、InputのついたPromptタイプのアラートが表示され、それを利用して行うようにします。公式ドキュメントは下記のURLになります。

URL https://ionicframework.com/docs/components/#alert-prompt

今回はAlertControllerをionic-angularから呼び出し、それをconstructorで引数alertCtrlに注入し、利用します。

SAMPLE CODE src/pages/task-list/task-list.ts

```
  import { Component } from '@angular/core';
- import { IonicPage, NavController, NavParams,
-     ActionSheetController } from 'ionic-angular';
+ import { IonicPage, NavController, NavParams,
+     ActionSheetController, AlertController } from 'ionic-angular';

  @IonicPage()
  @Component({
    selector: 'page-task-list',
    templateUrl: 'task-list.html',
  })
  export class TaskListPage {
    tasks: { name: string }[] = [
      { name: 'タスク1' },
      { name: 'タスク2' },
    ];
    constructor(
      public navCtrl: NavController,
      public navParams: NavParams,
-     public actionSheetCtrl: ActionSheetController
+     public actionSheetCtrl: ActionSheetController,
+     public alertCtrl: AlertController
    ){}
```


アクションシートの中にアラートの処理を書くと、インデントが深くなってしまうので、_renameTask()を用意し、アラートの処理はそこに書きます。そして、アクションシートの中で_renameTask()を呼び出すようにしています（メソッドなので、呼び出しはthis._renameTask()です）。

SAMPLE CODE src/pages/task-list/task-list.ts

```
  changeTask(index: number) {
    let actionSheet = this.actionSheetCtrl.create({
      title: 'タスクの変更',
      buttons: [
        {
          text: '削除',
          role: 'destructive',
          handler: () => {
            this.tasks.splice(index, 1);
            localStorage.setItem('tasks', JSON.stringify(this.tasks));
          }
        },{
          text: '変更',
          handler: () => {
-           console.log('Archive clicked');
```

```
+             this._renameTask(index);
            }
          },{
            text: 'Cancel',
            role: 'cancel',
            handler: () => {
              console.log('Cancel clicked');
            }
          }
        ]
      });
      actionSheet.present();
    }

+ _renameTask(index: number){
+   let prompt = this.alertCtrl.create({
+     title: '変更後のタスク',
+     inputs: [
+       {
+         name: 'task',
+         placeholder: 'タスク',
+         value: this.tasks[index].name
+       },
+     ],
+     buttons: [
+       {
+         text: '閉じる'
+       },
+       {
+         text: '保存',
+         handler: data => {
+           // タスクのindex番目を書き換え
+           this.tasks[index] = { name:data.task };
+           // LocalStorageに保存
+           localStorage.setItem('tasks', JSON.stringify(this.tasks));
+         }
+       }
+     ]
+   });
+   prompt.present();
+ }
```

これで、アクションシートとアラートを組み合わせながら、タスクの書き換えを実装することができました。

ステップ6　警告を消す

ionic serveを実行しているコンソールを確認すると、次の警告が表示されています。

```
[11:45:22]  tslint: src/app/app.component.ts, line: 6
            All imports are unused.

       L5:  import { HelloIonicPage } from '../pages/hello-ionic/hello-ionic';
       L6:  import { ListPage } from '../pages/list/list';
```

これは、src/app/app.component.tsの6行目でimportしてるListPageを使っていないことを表示しています。TSlintというコード解析ツールの警告で、ミスを減らすためにコンパイルエラーにならないコードもこのように確認してくれます。

警告の表示を消すために、6行目のimportを削除しましょう。

SAMPLE CODE src/app/app.component.ts

```
  import { HelloIonicPage } from '../pages/hello-ionic/hello-ionic';
- import { ListPage } from '../pages/list/list';
```

これで警告は消えました。ログでこのような表示があると「何か間違えたのか」となりますが、内容まで表示してくれているのでしっかり読むようにしてください。

イベントとライフサイクル　～コラム②

ここでは、**イベント**と**ライフサイクル**(LifeCycle)について紹介します。

ユーザのいろいろな操作に反応させる

先ほどのチュートリアルで`(tap)`、`ionViewWillEnter`イベントを取り扱いました。

`(tap)`のようなイベントはジェスチャーイベントといいます。Ionicで用意されているジェスチャーは下表の通りです。

ジェスチャー名	発生条件
(tap)	当該セレクタをタップする
(press)	当該セレクタを長押しする
(pan)	当該セレクタをタップした状態で離さずに左右に動かす。少し動かす度にイベントが発生する
(swipe)	当該セレクタをタップした状態で離さずに左右に動かす。1ジェスチャーあたり1回しかイベントは発生しない
(rotate)	当該セレクタをタップした状態で離さずに回転させる
(pinch)	当該セレクタを2本指でつまんだ状態で拡大・縮小させる

`<div (tap)='pressEvent($event)'>`のように使います。Angularの`(click)`イベントでも動作しますが、モバイル端末では、イベントが発生するまで300msの時間がかかる場合があるので、`(tap)`を使うことが多いです。

これらのジェスチャーの一部は公式ドキュメント上で試すことができるので、ぜひ利用してください。

- ジェスチャーイベント

  URL http://ionicframework.com/docs/components/#gestures

ページの表示から離脱まで

ジェスチャーイベントとは別に、Page(CLIで生成する`page`)が表示されたタイミング、非表示になった(遷移した)タイミングで発生するイベントがあります。これを**ライフサイクルイベント**といいます。

なお、`constructor`はライフサイクルイベントではないので、「コンポーネントが表示される前に実行されて、画面に反映されない」などということが起こる可能性があります。そのため、`constructor`では、DOM操作に関する実行は入れないようにしてください。

ライフサイクル名	発生条件
ionViewDidLoad	ロードされたときに実行される。DOM要素やカスタムコンポーネントにアクセスしたいときに利用する
ionViewWillEnter	ページがアクティブになる直前に実行される。イベントの登録やデータ取得に利用するnav.pop()で戻ってきたときには実行されない
ionViewDidEnter	ページがアクティブになったときに実行される。「nav.pop()」で戻ってきたときも実行されるので、データを常に最新にしたいときに利用する
ionViewWillLeave	ページが非アクティブ(離脱)になる直前に呼ばれる。イベントを破棄するときに利用する
ionViewDidLeave	ページが非アクティブになったときに呼び出される
ionViewWillUnload	ページが非アクティブになって破棄される直前に呼び出される
ionViewCanEnter	ページを表示していいかどうかの判定を行う。「return true」だと表示されるが、「return false」だと表示せずに元のページへ戻りる
ionViewCanLeave	ページから離脱していいかどうかの判定を行う。「return true」だと離脱するが、「return false」だと離脱せずに留まる

また、Angularのライフサイクルイベントも同様に扱うことができます。

Ionicのライフサイクルイベントは、「カスタムコンポーネント」では使えません。そういう場合には、Angularのライフサイクルイベントを利用します。Ionicと共通のイベントであったり、扱いの難しいイベントはここでは割愛します。

ライフサイクル名	発生条件
ngOnInit	コンポーネントの生成時に実行される
ngOnDestroy	コンポーネントの破棄時に実行される

「ページを表示するときにデータを外部から取得する」ときであったり、「入力中ですが移動してもよろしいですか?」と聞くときなどに利用しますので、ぜひ使い方をマスターしてください。

APIを使ってイベントを予約する

Ionicの`Action Sheets`、`Alerts`、`Loading`、`Modal`、`Popover`といったコンポーネントは、事前に予約しておくことで「ユーザがモーダルウィンドウを閉じたときにイベントを発生させる」といった使い方ができます。このような仕組みをコールバックと呼びます。

たとえば、モーダルを閉じたときにイベントを登録するのは次の通りです。

```
presentProfileModal() {
  const profileModal = this.modalCtrl.create('Profile');
  profileModal.onDidDismiss(data => {
    // ここに処理を書いたら、モーダルを閉じた時に発生する
  });
  profileModal.present();
}
```

このようなイベントコールバックを利用することにより、「アクションシートをクリックしたらアラートが立ち上がって、実行するとそのままモーダルウィンドウが立ち上がる」といった複雑な処理も可能になります。

CHAPTER 04

外部リソースを使って
アプリを便利にしよう

SECTION-012

外部リソースの形式とその活用

アプリ開発において、情報を取得・更新するために外部リソースを利用することは多々あります。

たとえば、メディアアプリで「アプリ本体に記事データがあり、記事を更新する度にアプリ本体を更新する」という実装は現実的ではありません。更新を容易にするために、記事データをWeb上において、アプリからそのデータにアクセスして表示する方法が一般的です。

他にも、チャットメッセージなど「ユーザ同士が共有するデータ」をWeb上に集積させたりと、アプリ開発において**外部リソース活用は重要**です。

REST APIとJSON

外部リソースには、HTMLファイルを用意してそれを取得してきて表示する方法や、XML形式で書かれたRSSを取得してくる方法など、さまざまな形式があります。その中でも近年、最も一般的になったのは**REST API**によって設計されたURLから**JSON形式**でデータを取得してくる形です。

◉インターネットと通信

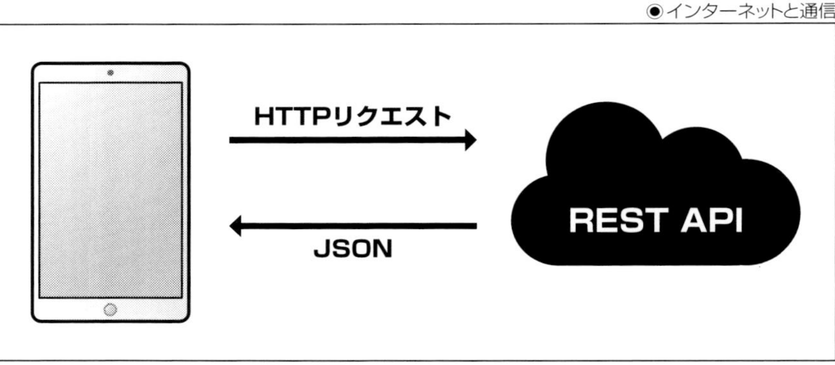

▶ REST APIとは

REST APIとは、RESTの原則に沿った形で設計されたAPIです。RESTの原則では、情報をリソースとして一意のURLで表し、それを操作するためにHTTPメソッドを利用します。HTTPのメソッド`GET`、`POST`、`PUT`、`DELETE`のそれぞれに「取得」「作成」「更新」「削除」の役割を定義し、同一のURLにアクセスして情報を操作します。

たとえば、ユーザーを表すURLとして`https://example.com/api/users`があるとします。ここに`GET`でアクセスするとユーザ情報の一覧を取得することができます。`POST`だとユーザの新規作成、`PUT`だとユーザの更新、`DELETE`だとユーザの削除を行う、といった具合です。

`https://example.com/get_user`、`https://example.com/create_user`というようなURLだと、URLの数が多く、また恣意的な命名によって管理が難しくなってしまうため、それを統一することができます。

▶JSONとは

JSONは、JavaScriptで取り扱いやすい書式で、オブジェクトを文字列で表記します。たとえばGitHubのAPIである**https://api.github.com/**にアクセスすると、次のJSONを得ることができます。

```
{
  "current_user_url": "https://api.github.com/user",
  "current_user_authorizations_html_url":
        "https://github.com/settings/connections/applications{/client_id}",
  "authorizations_url": "https://api.github.com/authorizations",
  ... (中略) ...
}
```

これをJavaScriptのオブジェクトに変換すると、次のようになります。

```
{
  current_user_url: "https://api.github.com/user",
  current_user_authorizations_html_url:
        "https://github.com/settings/connections/applications{/client_id}",
  authorizations_url: "https://api.github.com/authorizations",
  ... (中略) ...
}
```

ほぼ同じ形で表現することができます（キーを「"」で囲む必要がない）。JSONは、このようにJavaScriptととても親和性の高い形式です。変換も、**JSON.parse()**（JSONへの変換）、**JSON.stringify()**（オブジェクトへの変換）とJavaScriptの関数ひとつで行うことができます。

クロスドメインの注意と制限

外部リソースにアクセスするときに、注意しないといけない点があります。

ブラウザはデフォルトで**同一生成元ポリシー（Same-Origin Policy）**というセキュリティ上の制限を持っています。**クロスドメイン**（異なるドメイン）に向かってJavaScriptがアクセスすると、外部リソース側が許可していないとデータを取得できません。

たとえば、Ionicを置いているサーバが**https://example1.jp**だったとして、**https://example2.jp**にアクセスするときには同一生成元ポリシーに引っかかります。

自分で外部リソースを設計している場合は、当該URLからのアクセスを許可する必要があります。たとえば、PHPだと、次のように書くとクロスドメインからのアクセスを許可することができます。このような設定を**Cross Origin Resource Sharing（クロスドメインリソース共有）**と呼び**CORS**と表記します。

```
header('Access-Control-Allow-Origin: https://example1.jp');
header('Access-Control-Allow-Methods: GET, POST, OPTIONS');
```

外部サービスを使う場合には、その管理画面でCORSの設定が必要な場合もあります。なぜかうまくリソースが取得できない場合は、コンソールを確認してください。次のようなエラーがでている場合はCORSの設定を確認してください。

```
XMLHttpRequest cannot load https://*. No 'Access-Control-Allow-Origin' header is....
```

SECTION-013

WordPressを表示するアプリを作ろう ～チュートリアル②

ここでは、新規プロジェクトを用意して、外部リソースの1つであるWordPress.comのREST APIを利用してブログを表示するアプリを作成してみましょう。

ステップ1　新規プロジェクトを作成する

前章のチュートリアルで利用したプロジェクトionic_tutorialではなく、新規プロジェクトを作成しましょう。最初に作ったプロジェクトの親フォルダdev/に移動してionic startを実行します。

プロジェクト名はwp-tutorial、テンプレートはblankを選択ください。自動的にIonicのプロジェクトに必要なファイルのダウンロードがはじまります（ダウンロードには数分かかります）。

```
$ cd ..
$ ionic start wp-tutorial
? What starter would you like to use:
❯ blank
```

完了したら、cd wp-tutorialでフォルダ内に移動して、ionic serveコマンドを実行しましょう。

Ionic Blank

The world is your oyster.

If you get lost, the docs will be your guide.

▶ HomePageをLazy Loadingにする

ionic startで作成されたページは、標準読み込みのページとなっています。ただし、実際に運用する場合、「こちらは標準読み込み」「こちらはLazy Loading」となると管理が面倒なことになります。そこで、HomePageをLazy Loadingで読み込むように変更します。

HomePageがあるsrc/pages/home/に、モジュールファイルを用意します。@Componentのファイル名にmoduleをつけたモジュールファイルが必要なので、src/pages/home/home.module.tsを用意します。

SAMPLE CODE src/pages/home/home.module.ts

```
+ import { NgModule } from '@angular/core';
+ import { IonicPageModule } from 'ionic-angular';
+ import { HomePage } from './home';
+
+ @NgModule({
+   declarations: [
+       HomePage,
+   ],
+   imports: [
+     IonicPageModule.forChild(HomePage),
+   ],
+ })
+ export class HomePageModule {}
```

@angular/coreとionic-angularからモジュールを作成するためのオブジェクトを読み込んで、./home（同一フォルダにあるhome.ts）をモジュール化しています。

home.tsに@IonicPage()をつけます。

SAMPLE CODE src/pages/home/home.ts

```
  import { Component } from '@angular/core';
- import { NavController } from 'ionic-angular';
+ import { IonicPage, NavController } from 'ionic-angular';

+ @IonicPage()
  @Component({
      selector: 'page-home',
      templateUrl: 'home.html'
  })
```

これでHomePageはLazy Loadingで読み込まれるようになりました。

次に、標準読み込みとして呼び出していた部分を変更します。まず、src/app/app.module.tsで登録されている部分を削除します。

SAMPLE CODE src/app/app.module.ts

```
@NgModule({
  declarations: [
    MyApp,
-   HomePage
  ],
  imports: [
    BrowserModule,
    IonicModule.forRoot(MyApp)
  ],
  bootstrap: [IonicApp],
  entryComponents: [
    MyApp,
-   HomePage
  ],
  providers: [
    StatusBar,
    SplashScreen,
    {provide: ErrorHandler, useClass: IonicErrorHandler}
  ]
})
export class AppModule {}
```

最後に、app.component.tsで標準読み込みされている部分をLazy Loadingでの呼び出しに変更します。

SAMPLE CODE app.component.ts

```
export class MyApp {
- rootPage: any = HomePage;
+ rootPage: any = 'HomePage';

  constructor(platform: Platform, statusBar: StatusBar, splashScreen: SplashScreen) {
    platform.ready().then(() => {
      // Okay, so the platform is ready and our plugins are available.
      // Here you can do any higher level native things you might need.
      statusBar.styleDefault();
      splashScreen.hide();
    });
  }
}
```

これで、HomePageもLazy Loadingで読み込むようになりました。

ステップ2　記事一覧を取得して表示する

トップページで記事一覧を取得するようにしましょう。

▶HTTP通信による記事の取得

WordPress.comから、HTTP通信によって記事データを取得します。WordPress.comから記事一覧を取得するためには、https://public-api.wordpress.com/rest/v1.1/sites/$site/posts/（$siteは当該サイトのURL）にGETでアクセスします。

本チュートリアルで使うために、ionicjp.wordpress.comを用意しましたので、次のURLにアクセスします。

```
https://public-api.wordpress.com/rest/v1.1/sites/ionicjp.wordpress.com/posts/
```

取得されるデータは次の形式になっています（読みやすいように項目を絞っているので、詳細はWordPress.comの公式ドキュメントをご覧ください）。

```
{
  "found": "記事の取得件数",
  "posts": [
      {
          "ID": "記事ID"
          "title": "タイトル",
          "content": "本文"
          "date": "登録日"
      }
  ]
}
```

foundには取得してきた記事の件数が格納されています。また、posts以下は配列になっており、記事データが入っています。

HTTP通信を行って記事データを取得します。まず、src/app/app.module.tsで、HttpClientModuleを登録します。これはIonicのプロジェクト内で、HTTP通信を行うためのHttpClientを使えるようにするためです。

SAMPLE CODE src/app/app.module.ts

```
+ import { HttpClientModule } from '@angular/common/http';

  @NgModule({
    declarations: [
      MyApp,
    ],
    imports: [
      BrowserModule,
+     HttpClientModule,
      IonicModule.forRoot(MyApp),
    ],
```

src/pages/home/home.tsを書き換えて、記事一覧を表示します。@angular/common/httpというパッケージから、HttpClientを読み込んで、httpという変数に入れます（読みやすいように改行を入れてあります）。

SAMPLE CODE src/pages/home/home.ts

```
  import { Component } from '@angular/core';
+ import { HttpClient } from '@angular/common/http';
  import { NavController } from 'ionic-angular';

  @Component({
    selector: 'page-home',
    templateUrl: 'home.html'
  })
  export class HomePage {
    constructor(
        public navCtrl: NavController,
+       public http: HttpClient
    ) {}
```

返り値を格納するためのプロパティpostsの型定義を行います。今回は記事の取得件数は表示せず記事データだけを利用するので、postsに記事データの配列の型定義を行います。IDはnumber型、titleとcontentには文字列が入るのでstring型を指定し、配列が入ることを型付ける[]を末尾につけます。初期値として空の配列[]を格納します。

SAMPLE CODE src/pages/home/home.ts

```
  export class HomePage {
+   posts:{
+       ID: number,
+       title: string,
+       content: string,
+       date: string,
+   }[] = [];

    constructor(
        public navCtrl: NavController,
        public http: HttpClient
    ) {}
```

次に、ライフサイクルイベントであるionViewDidLoadを使って、このページを表示するのと同時にWordPressにHTTP通信して記事を取得してくるようにします。

SAMPLE CODE src/pages/home/home.ts

```
  export class HomePage {
    posts: {
      ID: number,
      title: string,
      content: string,
      date: string,
    }[] = [];

    constructor(
      public navCtrl: NavController,
      public http: HttpClient
    ) {}

+   ionViewDidLoad(){
+     this.http
+       .get('https://public-api.wordpress.com/rest/v1.1/sites/ionicjp.wordpress.com/posts')
+       .subscribe(data => {
+         this.posts = data['posts'];
+       });
+   }
  }
```

HTTPClientモジュールを使ってGETメソッドを行ってます。

subscribeは、Promiseのresolve()や、jQuery.ajaxのdone()のような非同期処理を行うもので、取得したデータをここで利用します（厳密にはRxJSのObservableというアーキテクチャを利用していますが、ここでは割愛します）。

取得したオブジェクトデータの記事データを利用するので、data['posts']を先ほど定義したpostsに代入しました。なお、data.postsではなくdata['posts']なのは型定義をしていないためです。HTTP通信の返り値の型指定はステップ3で説明しています。

それでは、postsを使ってHTMLに表示しましょう。前章で行った*ngForによる繰り返しとバインディングを使って表示します。また、タイトルを「記事一覧」に書き換えます。

SAMPLE CODE src/pages/home/home.html

```
  <ion-header>
    <ion-navbar>
      <ion-title>
-       blank
+       記事一覧
      </ion-title>
    </ion-navbar>
  </ion-header>

  <ion-content padding>
-   The world is your oyster.
```

```
-   <p>
-     If you get lost, the <a href="http://ionicframework.com/docs/v2">docs</a>
-     will be your guide.
-   </p>
+   <ion-list>
+     <ion-item *ngFor="let p of posts">
+       <h2>{{p.title}}</h2>
+       <p>{{p.date}}</p>
+     </ion-item>
+   </ion-list>
  </ion-content>
```

これで表示すると、<h2>のタイトルの上部が少し削れて表示されることがわかります。

また、記事タイトルが省略されてしまっているので、CSSを追加してこれを修正します。

SAMPLE CODE src/app/app.scss

```
+ [padding] h1:first-child, [padding] h2:first-child, [padding] h3:first-child,
+ [padding] h4:first-child, [padding] h5:first-child, [padding] h6:first-child {
+   margin-top: 0;
+ }

+ ion-label {
+   white-space: normal;
+ }
```

src/app/app.scssにCSSを書くと、グローバル(すべてのページ)にCSSを反映させることができます。特定のページのみに反映させたい場合、当該ページのフォルダにあるSCSSファイルに記述してください。

これで、一覧を表示することができました。

▶記事取得までのローダーの表示

今のままだと、記事取得中であることがユーザに伝わらず、止まったように見えるので、ローダー(ローディング画像)を表示します。

ローダーの公式ドキュメント(下記URL)を見てみます。

URL http://ionicframework.com/docs/components/#loading

Basic Usage(基本的な利用方法)では、次のようコードが紹介されています。

```
import { LoadingController } from 'ionic-angular';

export class MyPage {
  constructor(public loadingCtrl: LoadingController) {
```

```
  }

  presentLoading() {
    let loader = this.loadingCtrl.create({
      content: "Please wait...",
      duration: 3000
    });
    loader.present();
  }
}
```

ionic-angularからLoadingControllerを呼び出して利用します。createメソッドでローダーを指定し、presentで表示を実行します。

ここでは、3000ms表示したら自動的に終了するようになっていますが、今回はHTTP通信が完了したらローダーを終了したいので、さらに詳しい使い方を見るためにローダーのAPIについて公式ドキュメントもあわせて確認します。

URL http://ionicframework.com/docs/api/components/loading/LoadingController/

公式ドキュメントでは、詳しい使い方が紹介されています。ローダーの終了方法は、Dismissingに紹介されており、dismissメソッドを利用するとのことです。

実際に取り入れます。

SAMPLE CODE src/pages/home/home.ts

```
  import { Component } from '@angular/core';
  import { HttpClient } from '@angular/common/http';
- import { IonicPage, NavController } from 'ionic-angular';
+ import { IonicPage, NavController, LoadingController } from 'ionic-angular';

  @IonicPage()
  @Component({
    selector: 'page-home',
    templateUrl: 'home.html'
  })
  export class HomePage {
    posts:{
      ID: number,
      title: string,
      content: string,
    }[] = [];

    constructor(
      public navCtrl: NavController,
      public http: HttpClient,
+     public loadingCtrl: LoadingController
```

```
  ) {}

  ionViewDidLoad(){
+   let loading = this.loadingCtrl.create();
+   loading.present();

    this.http
      .get('https://public-api.wordpress.com/rest/v1.1/sites/ionicjp.wordpress.com/posts')
      .subscribe(data => {
        this.posts = data['posts'];
+       loading.dismiss();
      });
  }
}
```

ionViewDidLoad()が開始された直後にローダーを表示し、subscribeして値が返ってきたところで、loading.dismiss()でローダーの表示を終了しています。

実際に表示して、どのようにローダーが表示されるか確認してください。

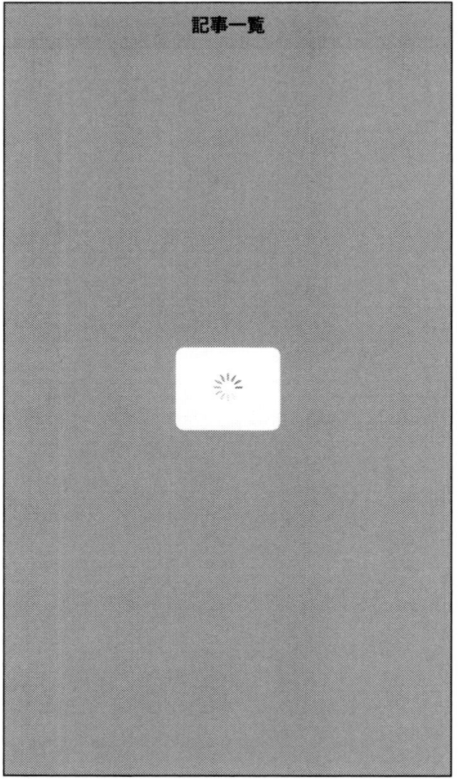

ステップ3　記事詳細ページを実装する

一覧表示されている記事をクリックしたら、記事詳細が表示されるようにしましょう。

▶記事詳細ページの生成

記事詳細のページを作ります。ionic serveをControlキーとCキー（WindowsのWindowsの場合はAlt+Ctrl+Cキー）を同時に押して終了し、ionic gコマンドを実行して、ページを作成します。pageを選択し、ページ名をarticleにして実行します。

生成されたファイルは、src/pages/article/に配置されます。

▶ページのプッシュ遷移

先ほどの一覧表示の記事タイトルをクリックしたら、作成したページarticlePageにプッシュ遷移するようにします。プッシュ遷移はアプリ独特のUIで、右から左にスライドして潜るタイプの遷移です。

プッシュ遷移には、NavPushを使います。公式ドキュメントは下記のURLになります。

URL http://ionicframework.com/docs/api/components/nav/NavPush

これは[navPush]="ページ名"のように使うことができます。アンカーリンク（<a href>）のように、HTMLテンプレート上で使うことができ、直感的に書くことができます。

また、Push先にデータを受け渡すために、navParamsというオブジェクトでパラメーターを受け渡すオプションがあります。ここでは、idというキーで、p.IDを渡しましょう。

src/pages/home/home.htmlを次のように書き換えます。

SAMPLE CODE src/pages/home/home.html

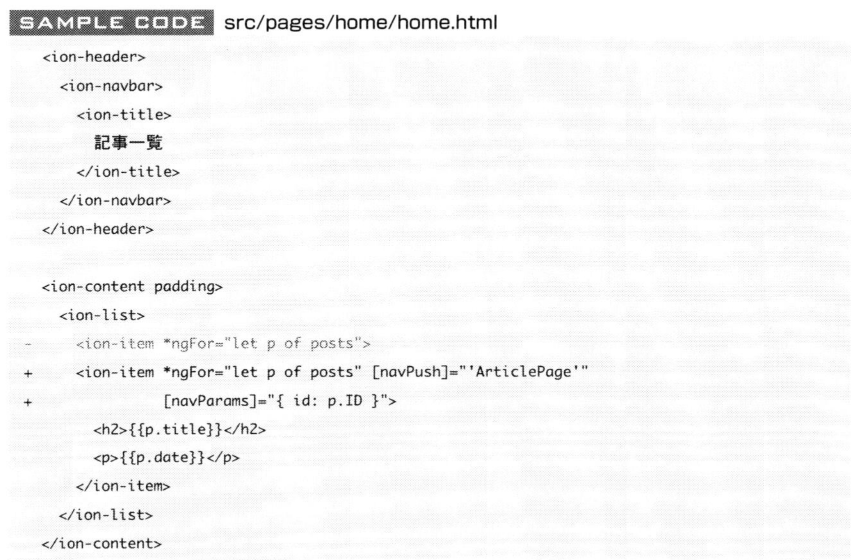

```
<ion-header>
  <ion-navbar>
    <ion-title>
      記事一覧
    </ion-title>
  </ion-navbar>
</ion-header>

<ion-content padding>
  <ion-list>
-     <ion-item *ngFor="let p of posts">
+     <ion-item *ngFor="let p of posts" [navPush]="'ArticlePage'"
+               [navParams]="{ id: p.ID }">
      <h2>{{p.title}}</h2>
      <p>{{p.date}}</p>
    </ion-item>
  </ion-list>
</ion-content>
```

[navPush]で渡している遷移先'ArticlePage'が文字列なのは、Lazy Loadingで呼び出すためです。

保存して、ionic serveコマンドを実行して確認してください。記事名をタップすると、プッシュ遷移を確認することができます。

▶ 記事詳細の取得と表示

遷移先の実装を行います。

ArticlePageのURL構造の設定と、HomePageとの親子関係の指定をします。URL構造の設定は、前項で設定した{ id: p.id }で、idでパラメーターを受け渡しているのをURLに反映させるために行います。また、HomePageとの親子関係はPush遷移先であることを明示するためです。この設定は@IonicPageで行います。

```
@IonicPage({
  segment: 'article/:id',
  defaultHistory: ['HomePage']
})
```

segmentは、このページURLがarticleで、その下にidをつけることを指定しています(「:id」で、idというキーでのパラメーター受け取り)。そのため、たとえば、idが1000番でしたら、URLの末尾はarticle/1000となります。

defaultHistoryでは配列で親ページ名を格納します。ここでは、親（Push遷移元）となるHomePageを指定しています。

続いて、記事の取得を行います。先ほどと同様、HttpClient、LoadingControllerを使って記事の取得を行います。今回は、記事一覧ではなく、特定の記事をREST APIで取得するのでHTTPのアクセス先が変わります。特定記事を取得するためには記事IDを末尾につける次の形になります。$idを記事IDと入れ替えて利用します。

```
https://public-api.wordpress.com/rest/v1.1/sites/ionicjp.wordpress.com/posts/$id
```

また、記事データを格納する配列も、先ほどは配列でしたが、今回は記事は1つですのでオブジェクトで用意します。プロパティ名はpostとして、初期値はそれぞれnullとします。

```
post:{
  ID: number,
  title: string,
  content: string,
  date: string
} = {
  ID: null,
  title: null,
  content: null,
  date: null
};
```

それを踏まえて、src/pages/article/article.tsを次のように書き換えましょう。

SAMPLE CODE src/pages/article/article.ts

```
  import { Component } from '@angular/core';
- import { IonicPage, NavController, NavParams } from 'ionic-angular';
+ import { HttpClient } from '@angular/common/http';
+ import { IonicPage, NavController, NavParams, LoadingController } from 'ionic-angular';

- @IonicPage()
+ @IonicPage({
+   segment: 'article/:id',
+   defaultHistory: ['HomePage']
+ })
  @Component({
    selector: 'page-article',
    templateUrl: 'article.html',
  })
  export class ArticlePage {
+   post:{
+     ID: number,
+     title: string,
+     content: string,
```

```
+     date: string
+   } = {
+     ID: null,
+     title: null,
+     content: null,
+     date: null
+   };

    constructor(
      public navCtrl: NavController,
      public navParams: NavParams,
+     public http: HttpClient,
+     public loadingCtrl: LoadingController
    ) {
    }

    ionViewDidLoad(){
-     console.log('ionViewDidLoad ArticlePage');
+     let loading = this.loadingCtrl.create();
+     loading.present();
+
+     const id = this.navParams.get('id');
+     this.http.get<{
+       ID: number,
+       title: string,
+       content: string,
+       date: string
+     }>('https://public-api.wordpress.com/rest/v1.1/sites/ionicjp.wordpress.com/posts/'+id)
+       .subscribe(data => {
+         this.post = data;
+         loading.dismiss();
+       });
    }
  }
```

src/pages/article/article.tsでは、HTTP通信の返り値の型も事前に指定しました。this.http.get<**【返り値の型】**>を指定することで、REST APIのレスポンスとそれを使うコードの型を一致させることができます。

なお、this.http.get<any>でどんなレスポンスも受け取るようにすることもできますが、型定義によるエラーチェックをすることができず、バグに気づかない要因になるので必ず型は指定するようにします。

次に、取得してきた記事データをHTMLに出力します。プロパティはpostですので、それをバインディングして表示します。

まず、src/pages/article/article.htmlを次のように変更ください。

SAMPLE CODE src/pages/article/article.html

```
<ion-header>
  <ion-navbar>
-    <ion-title>ArticlePage</ion-title>
+    <ion-title>記事詳細</ion-title>
  </ion-navbar>
</ion-header>

<ion-content padding>
+  <ion-item>
+    <h2>{{post.title}}</h2>
+    <p>{{post.date}}</p>
+  </ion-item>
+  <div padding>{{post.content}}</div>
</ion-content>
```


これでページをロードするとわかりますが、**post.content**のHTMLがサニタイズされて表れてしまいます。

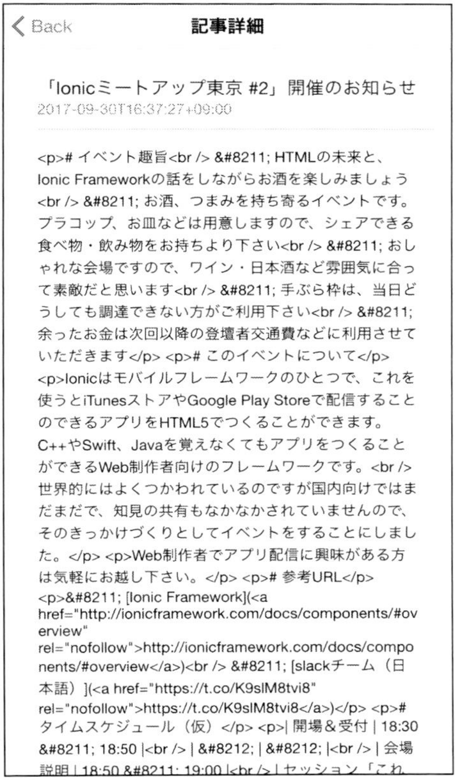

< Back 記事詳細

「Ionicミートアップ東京 #2」開催のお知らせ
2017-09-30T16:37:27+09:00

<p># イベント趣旨
 – HTMLの未来と、Ionic Frameworkの話をしながらお酒を楽しみましょう
 – お酒、つまみを持ち寄るイベントです。プラコップ、お皿などは用意しますので、シェアできる食べ物・飲み物をお持ちより下さい
 – おしゃれな会場ですので、ワイン・日本酒など雰囲気に合って素敵だと思います
 – 手ぶら枠は、当日どうしても調達できない方がご利用下さい
 – 余ったお金は次回以降の登壇者交通費などに利用させていただきます</p> <p># このイベントについて</p> <p>Ionicはモバイルフレームワークのひとつで、これを使うとiTunesストアやGoogle Play Storeで配信することのできるアプリをHTML5でつくることができます。C++やSwift、Javaを覚えなくてもアプリをつくることができるWeb制作者向けのフレームワークです。
 世界的にはよくつかわれているのですが国内向けではまだまだで、知見の共有もなかなかされていませんので、そのきっかけづくりとしてイベントをすることにしました。</p> <p>Web制作者でアプリ配信に興味がある方は気軽にお越し下さい。</p> <p># 参考URL</p> <p>– [Ionic Framework](<a href="http://ionicframework.com/docs/components/#overview" rel="nofollow">http://ionicframework.com/docs/components/#overview</a>)
 – [slackチーム（日本語）](<a href="https://t.co/K9slM8tvi8" rel="nofollow">https://t.co/K9slM8tvi8</a>)</p> <p># タイムスケジュール（仮）</p> <p>| 開場＆受付 | 18:30 – 18:50 |
 | — | — |
 | 会場説明 | 18:50 – 19:00 |
 | セッション「これ

サニタイズはセキュリティを目的としたもので、取得してきたHTMLが想定外の挙動をするのを防ぐためのものです。しかし、今回は信頼できる外部リソースから取得してきているので、サニタイズを外して表示します。

HTMLサニタイズを外すためには、`{{}}`でくくるバインディングではなく、`innerHTML`によって表示します。次のように変更してください。

SAMPLE CODE src/pages/article/article.html

```
  <ion-content padding>
    <ion-item>
      <h2>{{post.title}}</h2>
      <p>{{post.date}}</p>
    </ion-item>
-   <div padding>{{post.content}}</div>
+   <div [innerHTML]="post.content" padding></div>
  </ion-content>
```

HTMLサニタイズが外れて、記事内のHTMLが反映した表示が行われました。

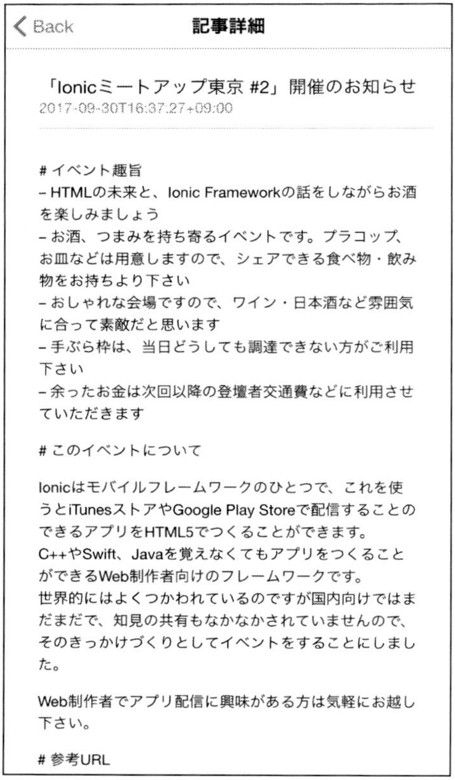

Back　記事詳細

「Ionicミートアップ東京 #2」開催のお知らせ
2017-09-30T16:37:27+09:00

イベント趣旨
– HTMLの未来と、Ionic Frameworkの話をしながらお酒を楽しみましょう
– お酒、つまみを持ち寄るイベントです。プラコップ、お皿などは用意しますので、シェアできる食べ物・飲み物をお持ちより下さい
– おしゃれな会場ですので、ワイン・日本酒など雰囲気に合って素敵だと思います
– 手ぶら枠は、当日どうしても調達できない方がご利用下さい
– 余ったお金は次回以降の登壇者交通費などに利用させていただきます

このイベントについて

IonicはモバイルフレームワークのひとつでL、これを使うとiTunesストアやGoogle Play Storeで配信することのできるアプリをHTML5でつくることができます。
C++やSwift、Javaを覚えなくてもアプリをつくることができるWeb制作者向けのフレームワークです。
世界的にはよくつかわれているのですが国内向けではまだまだで、知見の共有もなかなかされていませんので、そのきっかけづくりとしてイベントをすることにしました。

Web制作者でアプリ配信に興味がある方は気軽にお越し下さい。

参考URL

ステップ4 Google Analyticsを設定してアクセス解析を行う

Google Analyticsを設定してみましょう。WordPressテンプレートと違って、Ionicではindex.htmlを一度しか読み込みませんので、Analyticsのタグを書くだけではどこのページを読み込んだかをGoogleに送信することができません。そこで、明示的にGoogleに「このページを読みましたよ」とデータを送信する必要があります。

まず、Google Analyticsを読み込みます。src/index.htmlに公式ドキュメント通り、次のようにを追記します（'UA-*****-**'は各自、置き換えてください）。

SAMPLE CODE src/index.html

```
+ <script>
+   (function(i,s,o,g,r,a,m){i['GoogleAnalyticsObject']=r;i[r]=i[r]||function(){
+     (i[r].q=i[r].q||[]).push(arguments)},i[r].l=1*new Date();a=s.createElement(o),
+     m=s.getElementsByTagName(o)[0];a.async=1;a.src=g;m.parentNode.insertBefore(a,m)
+   })(window,document,'script','https://www.google-analytics.com/analytics.js','ga');
+   ga('create', 'UA-*****-**', 'auto');
+ </script>
```

最後の行にga()メソッドが使われています。これはGoogle Analyticsを読み込むと使えるようになる関数で、これを使って明示的にデータ送信を行います。

まず、Ionic内でグローバル関数を使うことができるように設定します。これを設定しないと、TypeScriptが「存在しない関数」としてエラーを出すためです。

グローバルの設定ファイルdeclarations.d.tsをsrc内に作って、そこに型を追記します。src/declarations.d.tsを新規作成して、次の1行を書いてください。

SAMPLE CODE src/declarations.d.ts

```
+ declare const ga: Function;
```

gaをFunction型（関数型）と定義しました。これで、Ionic内でもga()を使うことができようになります。

次に、src/pages/home/home.tsのionViewDidLoadに追記します。

SAMPLE CODE src/pages/home/home.ts

```
  ionViewDidLoad(){
+   ga('send', 'pageview', '/signin');
  ...（以下省略）...
```

これで、src/pages/home/home.tsを初期化する時に一度だけ、/homeにpageview（ページビュー）があったと送信することができます。

ただ、Google Analyticsのように外部リソースを読み込んで関数を生成すると、Androidアプリとしてビルドすると一部ではエラーを出してシステムが停止することがありますので、AndroidアプリではGoogle Analyticsへの送信はしないように変更します。

Ionicでは、Platformというで、ブラウザやアプリの判定を行います。公式ドキュメントは下記のURLになります。

URL https://ionicframework.com/docs/api/platform/Platform/

platform.is('ios')なら、iOSアプリとして表示している場合のみtrueが返ってきます。今回はAndroidかどうかの判定を行うので、platform.is('android')を使います。

SAMPLE CODE src/pages/home/home.ts

```
- import { IonicPage, NavController, LoadingController } from 'ionic-angular';
+ import { IonicPage, NavController, LoadingController, Platform } from 'ionic-angular';

  @IonicPage()
  @Component({
    selector: 'page-home',
    templateUrl: 'home.html'
  })
  export class HomePage {
    posts:{
      ID: number,
      title: string,
      content: string,
      date: string
    }[] = [];

    constructor(
      public http: Http,
      public loadingCtrl: LoadingController,
+     public platform: Platform
    ) {}

    ionViewDidLoad(){
+     if(!this.platform.is('android')){
        ga('send', 'pageview', '/signin');
+     }
```

これでAndroidアプリとして実行している場合は、Google Analyticsにデータ送信をしなくなりました。try-catchで拾ってもいいのですが、こういったやり方もありますのでぜひ覚えておいてください。

なお、Ionic Native(CHAPTER 06で解説)にもGoogle Analyticsがあり、それを利用することでAndroidアプリでもGoogle Analyticsを利用することができます。

ステップ5　警告を消す

`ionic serve`を実行しているコンソールを確認すると、次の警告がでています。

```
[13:02:56]  tslint: src/app/app.component.ts, line: 6
            All imports are unused.

        L6: import { HomePage } from '../pages/home/home';
        L7: @Component({

[13:02:56]  tslint: src/app/app.module.ts, line: 9
            All imports are unused.

        L8: import { MyApp } from './app.component';
        L9: import { HomePage } from '../pages/home/home';
```

この警告を消すために、次のように修正します。

SAMPLE CODE src/app/app.module.ts

```
  import { MyApp } from './app.component';
- import { HomePage } from '../pages/home/home';
```

SAMPLE CODE src/app/app.component.ts

```
- import { HomePage } from '../pages/home/home';
```

Ionicはエラーはプレビュー画面に表示され、すぐに気づくことができますが、コンパイル実行に関係ない警告はコンソールのログを確認する必要があります。後で使うために意図的に`import`を残している場合はいいのですが、そうでない場合は不要なコードを残さないためにもぜひ警告の出るコードはご修正してください。

なお、本章のプロジェクトはCHAPTER 05のリファクタリングで利用するので保存しておいてください。

ONEPOINT HTTPClientについて

チュートリアルでは、getの基本の使い方を実装しましたが、さまざまなパラメーターを使うことで、カスタムヘッダーやURLパラメータを利用することができます。

書き方	概要
get(url)	チュートリアル内でも利用した基本の使い方
get(url, { observe: 'response' })	レスポンスヘッダも含めた完全なレスポンスを取得する
get(url, { headers: new HttpHeaders().set() })	カスタムヘッダーを設定する。「set('Authorization','my-auth-token')」でtokenなどを設定する(「HttpHeaders」の「import」が必要)
get(url, { params: new HttpParams().set() })	URLパラメータを設定する。「set('id','1')」で、URL末尾に「?id=1」(「HttpParams」の「import」が必要)

また、postメソッドもあります。

書き方	概要
post(url, obj)	第1引数にURL、第2引数にオブジェクト形式でフィールドを指定する
post(url, obj, { observe: 'response' })	レスポンスヘッダも含めた完全なレスポンスを取得する
post(url, obj, { headers: new HttpHeaders().set() })	カスタムヘッダーを設定する。「set('Authorization','my-auth-token')」でtokenなどを設定する(「HttpHeaders」の「import」が必要)
post(url, obj, { params: new HttpParams().set() })	URLパラメータを設定する。「set('id','1')」で、URL末尾に「?id=1」(「HttpParams」の「import」が必要)

なお、HttpHeadersやHttpParamsを利用するときは、@angular/common/httpからのimportが必要であることにご注意ください。

◉importの例

```
import { HttpClient, HttpHeaders, HttpParams } from '@angular/common/http';
```

完全なドキュメントは、次のURLのAngularの公式ドキュメントをご覧ください。

URL https://angular.io/guide/http

CHAPTER 05
きれいなコードで明日の自分を助けよう

SECTION-014

書いたコードをきれいにする「コードリファクタリング」

チュートリアルでは「とりあえず動くコード」を書いてきました。

しかし、現場では作って終わりということはなく、アプリを保守して成長させるために「きれいなコードを書く」必要があります。

きれいなコードには次の2つを満たす必要があります。

- 読みやすい
- 変更が容易にできる

しかし、いきなりきれいなコードを書くのは難しいため、「一度コードを書いて、それを修正する」作業が一般的には行われます。この作業を**コードリファクタリング**といいます。Photoshopのごちゃごちゃなレイヤー構成、Illustratorのつながっていないベジェ曲線をきれいにする作業と同じですね。

処理や表示は同じですが、より読みやすく、より使い回しのきくコードへの修正の基本的なやり方をみていきます。

多数行のコードを別ファイルにして可読性を上げよう

ページ内で、データの複雑な加工、アニメーション処理やタイムラインのリアルタイム更新などを行うと、あっという間に行数が数百行を突破します。そうするとどこで何を処理しているか読みにくく、場合によっては「重複した処理を、コードのコピペにより別々に実装してしまっていた」といったこともありえます。その結果、「Aを修正したのにBを忘れてた」などの単純ミスが発生しやすくなるので、多数行にまたがる処理は別ファイルに書きます。

Ionicでは、別ファイルに処理を書く方法として、Provider（Dependency Injectionという概念で設計された、コード同士の依存性を低くして汎用性を持たせるための仕組み）を用意しています。

たとえば、次の例ではionViewWillEnter内で、日付表示の処理を行っています（ここでは説明を簡略にするために処理は2行のみ）。

SAMPLE CODE home.ts

```
@Component({
  templateUrl: 'home.html'
})
class HomePage(){
  displayDate: string;

  ionViewWillEnter(){
    // 日付を表示しているコード
    const date = new Date();
    this.displayDate = date.getYear() + (date.getMonth() + 1) +  date.getDate();
```

CHAPTER 05 きれいなコードで明日の自分を助けよう

```
    }
}
```

これを、Providerを使うと、次のように表記することができます。

SAMPLE CODE home.ts

```
@Component({
  templateUrl: 'home.html',
  providers: [ CustomDateProvider ]
})
class HomePage(){
  displayDate: string;

  construnctor(
     public customDate:CustomDateProvider
  ){}

  ionViewWillEnter(){
    // 外部からコードを呼び出すように変更
    this.displayDate = this.customDate.getNow();
  }
}
```

SAMPLE CODE custom-date.ts

```
@Injectable()
export class CustomDateProvider {

   getNow(){
      // 日付を表示しているコード
      const date = new Date();
      return date.getYear() + (date.getMonth() + 1) + date.getDate();
   }

}
```

処理部分をProviderにまとめ、それを呼び出すように変更しました。数行ではあまり変わらないように見えますが、多数行のコードではとてもコードの可読性が上がるので、ぜひ使ってください。

型を共通化することでミスを減らそう

TypeScriptの静的型付けは、stringやnumberといった簡単な型は使う場所で宣言するだけで十分です。しかし、次のような複雑なオブジェクト型を使うことがあります。

SAMPLE CODE home.ts

```
let Posts: {
  ID: number,
  title: string,
  excerpt: string,
  content: string,
  date: string,
  post_thumbnail: {
    URL: string
  },
  short_URL: string,
  categories: {
    ID: number,
    name: string,
    post_count: number,
    parent: number,
    slug: string
  }[]
}
```

こういった型を何箇所にも書いていると、コード同様に保守がとても難しくなります。そして、静的型付けが威力を発揮するのはほとんどの場合、こういう複雑な型です。

このような型もコード同様に別ファイルに移動して型の名前をつけ、それを`import`する形で書くことができます。

SAMPLE CODE interface.ts

```
export interface Post {
  ID: number;
  title: string;
  excerpt: string;
  content: string;
  date: string;
  post_thumbnail: {
    URL: string;
  };
  short_URL: string;
  categories: Category[];
}

export interface Category {
  ID: number;
  name: string;
```

```
  post_count: number;
  parent: number;
  slug: string;
}
```

SAMPLE CODE home.ts

```
import { Post } from './interface.ts'
let Posts: Post = [];
```

このようにすると、複雑な型を数カ所で使い回すことができ、型の保守がとても楽になります。ぜひ、ご利用ください。

オリジナルタグを作って同じUIを共通化しよう

Providerでは、TSファイルの処理を共通化しました。しかし、実際はこの処理だけではなく、HTMLのテンプレートとその処理をまとめてUIを使い回したいことも多くあります。

そこで登場するのがカスタムコンポーネントです。Ionicでは**<ion-card>**など、デフォルトでさまざまなタグが用意されていますが、それと同様にオリジナルタグを用意することができます。

次のようなHTMLを使い回すとします。

```
<div class="card-background-page">
  <ion-card>
    <img src="img/card-saopaolo.png"/>
    <div class="card-title">São Paulo</div>
    <div class="card-subtitle">41 Listings</div>
  </ion-card>
</div>
```

このHTMLに対し、カスタムコンポーネントを作って**card-background-page**と名前をつけると、次のように書くことができます。ブラウザでの表示時には、自動的にこの中にもとのHTMLが展開・表示されます。

```
<card-background-page></card-background-page>
```

なお、カスタムコンポーネントではIonicのライフサイクルが走らないので、**ngOnInit**や**ngOnDestroy**を使う必要があります。

SECTION-015

コードリファクタリングを実践してみよう 〜チュートリアル③

93ページのチュートリアルで作ったコードを使って、コードリファクタリングをします。

ステップ1　Providerを使って可読性を上げよう

Providerを利用しましょう。Ionicでは、HTTP通信はProviderでまとめて行うことが一般的なので、src/home/home.tsとsrc/article/article.tsのHTTP通信をProviderに移します。このことによってURLを一箇所に集約し、APIやレスポンスの変更に対応した型の変更が柔軟に行えるようになります。

まず、Providerを作成しましょう。ionic serveをControlキーとCキー（Windowsの場合は、Alt+Ctrl+Cキー）を同時に押して終了し、ionic gコマンドを実行してページを作成します。providerを選択し、Provider名はwordpressにして実行します。

生成されるファイルは、src/providers/wordpress/wordpress.tsです。これを使うためにはsrc/app/app.module.tsにモジュールの登録が必要ですが、それはionic gしたときに自動生成されています。src/app/app.module.tsのprovidersを確認してみてください。

SAMPLE CODE src/app/app.module.ts

```
providers: [
  StatusBar,
  SplashScreen,
  {provide: ErrorHandler, useClass: IonicErrorHandler},
  WordpressProvider // 自動的に登録されています
]
```

CLIを使わずにProviderファイルを生成した場合は、こちらへの登録が必要になるので注意してください。

さて、src/providers/wordpress/wordpress.tsの中身を確認すると、次のようになっています。

SAMPLE CODE src/providers/wordpress/wordpress.ts

```
import { HttpClient } from '@angular/common/http';
import { Injectable } from '@angular/core';

@Injectable()
export class WordpressProvider {

  constructor(public http: HttpClient) {
    console.log('Hello WordpressProvider Provider');
  }
```

```
}
```

@angular/coreパッケージのInjectableはProviderとして扱うためのものです。
それでは、ここに記事一覧の取得と、記事詳細の取得メソッドを追加します。

SAMPLE CODE src/providers/wordpress/wordpress.ts

```
  export class WordpressProvider {

    constructor(public http: HttpClient) {
      console.log('Hello WordpressProvider Provider');
    }

+   getPosts() {
+     return this.http
+       .get('https://public-api.wordpress.com/rest/v1.1/sites/ionicjp.wordpress.com/posts')
+   }

+   getArticle(id: number) {
+     return this.http.get<{
+       ID: number,
+       title: string,
+       content: string,
+       date: string
+     }>('https://public-api.wordpress.com/rest/v1.1/sites/ionicjp.wordpress.com/posts/'+id)
+   }
  }
```

subscribeはページで行う方が取り回しがいいので、http.getメソッドと型の指定をWordpressProviderに移動しました。getArticleは記事IDの受け渡しが必要なので、引数を持ったメソッドにしています。

続いて、src/pages/home/home.tsを書き換えます。

SAMPLE CODE src/pages/home/home.ts

```
  import { Component } from '@angular/core';
  import { IonicPage, NavController, LoadingController, Platform } from 'ionic-angular';
- import { HttpClient } from '@angular/common/http';
+ import { WordpressProvider } from '../../providers/wordpress/wordpress';

  @IonicPage()
  @Component({
    selector: 'page-home',
    templateUrl: 'home.html',
+   providers: [ WordpressProvider ]
  })
```

home.tsからの相対パスでWordpressProviderを指定してimportし、それを@ComponentのprovidersＩ登録します。そしてそれを使うために、constructor内で引数wpに注入し、this.wp.getPostsで呼び出して利用します。また、このページで利用しなくなったHttpClientは削除しました。

SAMPLE CODE src/pages/home/home.ts

```
  export class HomePage {
    posts:{
      ID: number,
      title: string,
      content: string,
      date: string
    }[] = [];

    constructor(
      public loadingCtrl: LoadingController,
      public platform: Platform,
-     public http: HttpClient,
+     public wp: WordpressProvider
    ) {}

    ionViewDidLoad(){
      if(!this.platform.is('android')){
        ga('send', 'pageview', '/signin');
      }

      let loading = this.loadingCtrl.create();
      loading.present();

-     this.http
-       .get('https://public-api.wordpress.com/rest/v1.1/sites/ionicjp.wordpress.com/posts')
+     this.wp.getPosts()
        .subscribe(data => {
          this.posts = data['posts'];
          loading.dismiss();
        });
    }
  }
```

src/pages/article/article.tsも同様に、次のように書き換えます。

SAMPLE CODE src/pages/article/article.ts

```
  import { Component } from '@angular/core';
  import { IonicPage, NavController, NavParams, LoadingController } from 'ionic-angular';
- import { HttpClient } from '@angular/common/http';
+ import { WordpressProvider } from '../../providers/wordpress/wordpress';
```

```
  @IonicPage({
    segment: 'article/:id',
    defaultHistory: ['HomePage']
  })
  @Component({
    selector: 'page-article',
    templateUrl: 'article.html',
+   providers: [ WordpressProvider ]
  })
  export class ArticlePage {
    post:{
      ID: number,
      title: string,
      content: string,
      date: string
    } = {
      ID: null,
      title: null,
      content: null,
      date: null
    };

    constructor(
      public navCtrl: NavController,
      public navParams: NavParams,
-     public http: HttpClient,
      public loadingCtrl: LoadingController,
+     public wp: WordpressProvider
    ) {
    }

    ionViewDidLoad(){
      const id = this.navParams.get('id');

      let loading = this.loadingCtrl.create();
      loading.present();

-     this.http.get<{
-       ID: number,
-       title: string,
-       content: string,
-       date: string
-     }>('https://public-api.wordpress.com/rest/v1.1/sites/ionicjp.wordpress.com/posts/'+id)
+     this.wp.getArticle(id)
        .subscribe(data => {
          this.post = data;
          loading.dismiss();
```

```
        });
    }
}
```

これでHTTP通信の処理をProviderに移すことができました。

たとえば、「WordPress.comからHTTPでデータ取得してきて、サニタイズ処理を行った上でオブジェクト名を書き換えて再格納して、FacebookのシェアボタンとTwitterのシェアボタンを生成する」などの複雑な処理を行うときに、Providerはとても活躍する機能です。

ステップ2　型を共通化して使い回そう

型を共通化しましょう。型ファイルの生成についてはCLIのサポートがないため、自分で作成します。src/interfacesに置くことが多いので、src/interfaces/wordpress.tsを作成して、次のように記述します。

SAMPLE CODE src/interfaces/wordpress.ts

```
+ export interface Post {
+   ID: number,
+   title: string,
+   content: string,
+   date: string
+ }
```

exportは、外部でこの型を使うことを指定しています。次に、型であることを示すinterfaceをつけてPostという名前の型を作成しました。

それでは、src/pages/home/home.tsを書き換えます。

SAMPLE CODE src/pages/home/home.ts

```
  import { Component } from '@angular/core';
  import { HttpClient } from '@angular/common/http';
  import { IonicPage, NavController, LoadingController, Platform } from 'ionic-angular';
  import { WordpressProvider } from '../../providers/wordpress/wordpress';
+ import { Post } from '../../interfaces/wordpress';

  @IonicPage()
  @Component({
    selector: 'page-home',
    templateUrl: 'home.html',
    providers: [ WordpressProvider ]
  })
  export class HomePage {
-   posts:{
-     ID: number,
-     title: string,
-     content: string,
-   }[] = [];
+   posts: Post[] = [];
```

先ほど作成してきた型ファイルから型をimportしてきて、postsの型を指定しました。postsは配列なので、Post[]が型となります。

続いて、src/pages/article/article.tsを書き換えます。postはオブジェクトなので、型をそのまま入れ替えます。

SAMPLE CODE src/pages/article/article.ts

```
  import { Component } from '@angular/core';
  import { HttpClient } from '@angular/common/http';
  import { IonicPage, NavController, NavParams, LoadingController } from 'ionic-angular';
  import { WordpressProvider } from '../../providers/wordpress/wordpress';
+ import { Post } from '../../interfaces/wordpress';

  @IonicPage({
    segment: 'article/:id',
    defaultHistory: ['HomePage']
  })
  @Component({
    selector: 'page-article',
    templateUrl: 'article.html',
    providers: [ WordpressProvider ]
  })
  export class ArticlePage {
-   post:{
-     ID: number,
-     title: string,
-     content: string,
-     date: string
-   } = {
+   post: Post = {
      ID: null,
      title: null,
      content: null,
      date: null
    };
```

ステップ1で作成したProviderで利用している型もsrc/interfaces/wordpressから呼び出します。同時に、設定していなかったgetPosts()でも型の指定をします。

オブジェクトのキーposts内に、記事の配列が入るため、{posts: Post[]}という型になります。

SAMPLE CODE src/providers/wordpress/wordpress.ts

```
  import { HttpClient } from '@angular/common/http';
  import { Injectable } from '@angular/core';
+ import { Post } from '../../interfaces/wordpress';

  @Injectable()
```

```
  export class WordpressProvider {

    constructor(public http: HttpClient) {
      console.log('Hello WordpressProvider Provider');
    }

    getPosts() {
-     return this.http
-       .get('https://public-api.wordpress.com/rest/v1.1/sites/ionicjp.wordpress.com/posts')
+     return this.http
+       .get<{posts: Post[]}>
+       ('https://public-api.wordpress.com/rest/v1.1/sites/ionicjp.wordpress.com/posts')
    }

    getArticle(id: number) {
-     return this.http.get<{
-       ID: number,
-       title: string,
-       content: string,
-       date: string
-     }>('https://public-api.wordpress.com/rest/v1.1/sites/ionicjp.wordpress.com/posts/'+id)
+     return this.http.get<Post>
+       ('https://public-api.wordpress.com/rest/v1.1/sites/ionicjp.wordpress.com/posts/'+id)
    }
  }
```

これで、型定義を共通化できました。型定義をしっかりしておくと、ミスタイプなどを知らせてくれ、またAPIの変更などにも強くなります。

ステップ3　カスタムコンポーネントでオリジナルタグを使おう

Componentを作成して、オリジナルタグを使えるようにしましょう。

▶ Componentの作成と設定

`ionic serve`を`Control`キーと`C`キー（Windowsの場合は、`Alt`+`Ctrl`+`C`キー）を同時に押して終了し、`ionic g`コマンドからカスタムコンポーネントを作成します。`component`を選択し、Component名は`wp-head`にして実行します。

生成されたファイルは、`src/components/`に格納されており、2つの処理が行われました。1つは、`src/components/wp-head/`以下の生成です。

もう1つは、`src/components/components.module.ts`の生成です。これは、`src/app/app.module.ts`と同様のモジュールファイルで、カスタムコンポーネントを利用するときに`Page`のモジュールファイルから明示的に読み込みます。

中身を見てみると、先ほど作成した`src/components/wp-head/wp-head.ts`が自動的に追加されており、`declarations`と`exports`に追記されております。もし`src/components/wp-head/`を削除するようなことがあれば、こちらも同様に整理する必要があります。

SAMPLE CODE src/components/components.module.ts

```
import { NgModule } from '@angular/core';
import { WpHeadComponent } from './wp-head/wp-head';
@NgModule({
        declarations: [WpHeadComponent],
        imports: [],
        exports: [WpHeadComponent]
})
export class ComponentsModule {}
```

デフォルトでは、<ion-list>などのIonicデフォルトで用意されているオリジナルタグを使おうとすると、エラーがでます。そのエラーをなくすために次の変更を行います。

SAMPLE CODE src/components/components.module.ts

```
- import { NgModule } from '@angular/core';
+ import { NgModule, CUSTOM_ELEMENTS_SCHEMA } from '@angular/core';
+ import { CommonModule } from '@angular/common';
+ import { IonicModule } from 'ionic-angular';
  import { WpHeadComponent } from './wp-head/wp-head';

  @NgModule({
    declarations: [WpHeadComponent],
    imports: [
+     CommonModule,
+     IonicModule
    ],
    exports: [WpHeadComponent],
+   schemas: [CUSTOM_ELEMENTS_SCHEMA]
  })
  export class ComponentsModule {}
```

カスタムコンポーネントの中でオリジナルタグを使うためには、次のようにCUSTOM_ELEMENTS_SCHEMAを許可する必要があるので、CUSTOM_ELEMENTS_SCHEMAをschemasにセットします。また、*ngIfなどの構文を使うためにCommonModule、Ionicのオリジナルタグのデザインなどを変更するためにIonicModuleをimportに追加します。

これで、複雑なカスタムコンポーネントの作成もできるようになりました。

▶ Componentの利用

src/pages/home/home.htmlとsrc/pages/article/article.htmlの<ion-item>内の以下のコードが同じ内容になっているので、これを共通化してオリジナルタグにします。

```
<h2>{{p.title}}</h2>
<p>{{p.date}}</p>
```

バインディングされている変数名は異なりますが、記事タイトルを<h2>、日付を<date>でくくっています。それをsrc/components/wp-head/wp-head.htmlに設定します。次のように書き換えてください。変数はオブジェクトではなく、普通の変数を用います。

SAMPLE CODE src/components/wp-head/wp-head.html

```
- <div>
-   {{text}}
- </div>
+ <h2>{{title}}</h2>
+ <p>{{date}}</p>
```

続いて、src/components/wp-head/wp-head.tsでそれぞれの変数をバインディングします。

SAMPLE CODE src/components/wp-head/wp-head.ts

```
- import { Component } from '@angular/core';
+ import { Component, Input } from '@angular/core';

  @Component({
    selector: 'wp-head',
    templateUrl: 'wp-head.html'
  })
  export class WpHeadComponent {
-   text: string;
-   constructor() {
-     console.log('Hello WpHeadComponent Component');
-     this.text = 'Hello World';
-   }
+   @Input() title: string;
+   @Input() date: string;
  }
```

今回の例では、カスタムコンポーネントを呼び出すときに、同時に記事タイトルと日付をセットします。Components外から値を取り出すためのAPIであるInputを用いています。@angular/coreから呼び出し、@Input()で利用しています。値の名前はtitleとdateです。

続いて、wp-headタグをsrc/pages/homeで利用します。まず、オリジナルタグを使えるようにするために、src/pages/home/home.module.tsでcomponents.module.tsをimportして、ComponentsModuleを読み込みます。

SAMPLE CODE src/pages/home/home.module.ts

```
  import { NgModule } from '@angular/core';
  import { IonicPageModule } from 'ionic-angular';
  import { HomePage } from './home';
+ import { ComponentsModule } from '../../components/components.module';

  @NgModule({
```

```
  declarations: [
    HomePage,
  ],
  imports: [
    IonicPageModule.forChild(HomePage),
+   ComponentsModule
  ]
})
export class HomePageModule {}
```

次に、src/pages/home/home.htmlを次のように書き換えます。<h2>、<p>の部分を<wp-head>に置き換え、記事タイトルと日付をそれぞれtitle、dateの値とします。なお、<wp-head [page]="p"></wp-head>という表記でオブジェクトの受け渡しも可能です。ただし、この場合、オブジェクト内の変数の変更検知は最初の1回しか行われません。

SAMPLE CODE src/pages/home/home.html

```
<ion-content padding>
  <ion-list>
    <ion-item *ngFor="let p of posts" [navPush]="'ArticlePage'"
              [navParams]="{ id: p.ID }">
-     <h2>{{p.title}}</h2>
-     <p>{{p.date}}</p>
+     <wp-head title="{{p.title}}" date="{{p.date}}"></wp-head>
    </ion-item>
  </ion-list>
</ion-content>
```

src/pages/article/についても同様です。

src/pages/article/article.module.tsで、ComponentsModuleを読み込みます。

SAMPLE CODE src/pages/article/article.module.ts

```
import { NgModule } from '@angular/core';
import { IonicPageModule } from 'ionic-angular';
import { ArticlePage } from './article';
+ import { ComponentsModule } from '../../components/components.module';

@NgModule({
  declarations: [
    ArticlePage,
  ],
  imports: [
    IonicPageModule.forChild(ArticlePage),
+   ComponentsModule
  ],
})
export class ArticlePageModule {}
```

そして、<h2>と<p>を<wp-head>に置き換えます。

SAMPLE CODE src/pages/article/article.html

```
  <ion-content padding>
    <ion-item>
-      <h2>{{post.title}}</h2>
-      <p>{{post.date}}</p>
+      <wp-head title="{{post.title}}" date="{{post.date}}"></wp-head>
    </ion-item>
    <div [innerHTML]="post.content" padding></div>
  </ion-content>
```

これで、カスタムコンポーネントを用いてオリジナルタグを作成し、共通化できました。

CHAPTER 06

スマホアプリ開発実践

アプリストアで配布するための設定をしよう

スマホアプリにするためには、アプリとして操作できるだけではなく、アイコンや起動画面（「スプラッシュ画面」といいます）の設定が必要です。Ionicは、スマホアプリ化するためにCordovaというフレームワークを利用しており、IonicのプロジェクトフォルダにCordova設定ファイルとしてconfig.xmlが用意されています。

config.xmlを変更して、スマホアプリの設定を行います。

アプリ名とバージョンを設定する

config.xmlを開いてみてください。XML形式でいろいろな情報が書かれていますが、よく使うのは冒頭の次の部分です。

SAMPLE CODE src/config.xml

```
<?xml version='1.0' encoding='utf-8'?>
<widget id="io.ionic.starter" version="0.0.1" xmlns="http://www.w3.org/ns/widgets"
        xmlns:cdv="http://cordova.apache.org/ns/1.0">
  <name>MyApp</name>
```

1行目は、この書式がXML 1.0形式で書かれていることを宣言しています。2行目は、このアプリIDとバージョンを規定します。アプリIDは、アプリをApp Store/Google Playで配布するときに利用します。versionはアプリのバージョンを示します。3行目のnameは、スマホアイコンの下に表示されるアプリ名です。

Webアプリとして利用するときはこれらの設定は利用しませんが、Cordovaでコンパイルしてスマホアプリとして配布するときにはこの設定が必要です。

アプリアイコンとスプラッシュ画面を登録する

スマホアプリとして配布するときには、アプリアイコンとスプラッシュ画面の登録が必要ですが、iOSのアプリアイコンはアイコンサイズ・解像度に分けると18種類、スプラッシュ画面は12種類の画像の用意とconfig.xmlへの登録が必要です。これを手作業でするのは現実的ではありません。

Ionic CLIには、規定サイズのアプリアイコンとスプラッシュ画面をPNG画像で用意しておくと、そこから自動的に複数サイズの画像を作成し、config.xmlに登録してくれるコマンドがあります。

種類	サイズ	保存場所
アイコン	1024×1024px	resources/icon.png
スプラッシュ画面	2732×2732px	resources/splash.png

resources/内を確認すると、初期ファイルとしてIonicのアイコンとスプラッシュ画面があります。変更時にはこちらを差し替えて、次のコマンドを実行してください。

```
$ ionic cordova resources
```

なお、そのプロジェクトで一度もionic cordova buildコマンドを実行していない場合は、先にionic cordova buildコマンドの実行が必要です。

正常に変更が行われると、resources/ios、resources/android以下の画像がすべて差し替えられ、config.xmlに登録されている<icon>、<splash>がすべて更新されます。

SECTION-017

スマホアプリの機能をつけよう 〜チュートリアル④

新規プロジェクトを用意して、スマホアプリ専用の機能をIonic Nativeを利用して実装しましょう。なお、Ionic Nativeはブラウザ上では動かないので注意してください。

ステップ1　新規プロジェクトを作成する

今回は、tabsのプロジェクトを用意します。

最初に作ったプロジェクトの親フォルダdev/に移動してionic startコマンドを実行します。プロジェクト名はnative-tutorial、テンプレートはtabsを選択ください。自動的にIonicのプロジェクトに必要なファイルのダウンロードがはじまります(ダウンロードには数分かかります)。

```
$ cd ..
$ ionic start native-tutorial
? What starter would you like to use:
❯ tabs
```

完了したら、cd native-tutorialでフォルダ内に移動して、ionic serveコマンドで起動しましょう。

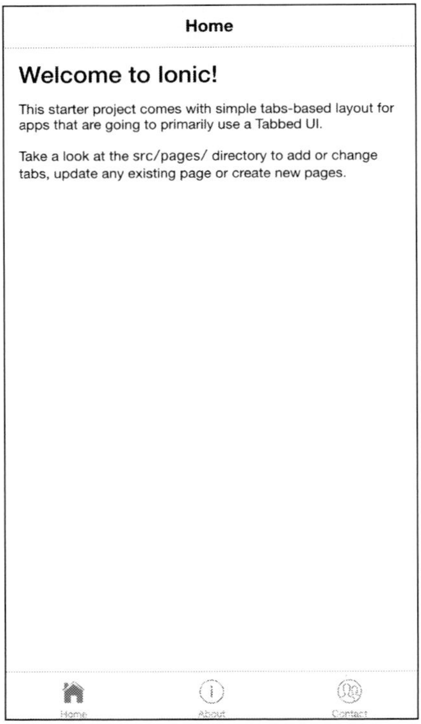

Home

Welcome to Ionic!

This starter project comes with simple tabs-based layout for apps that are going to primarily use a Tabbed UI.

Take a look at the src/pages/ directory to add or change tabs, update any existing page or create new pages.

Home　About　Contact

▶ tabsの構成について

Ionicのテンプレートの中でもtabsは少し独特です。src/pages/の中を見てみましょう。

アプリ起動時に読み込まれるページはsrc/pages/tabs/です。src/pages/tabs/tabs.htmlで指定されている<ion-tabs>は一見、下部のタブ部分のみを指定しているように見えるのですが、タブ部分と、選択されているタブのページ表示エリアの両方を覆う形となっています。

SAMPLE CODE src/pages/tabs/tabs.html

```
<ion-tabs>
  <ion-tab [root]="tab1Root" tabTitle="Home" tabIcon="home"></ion-tab>
  <ion-tab [root]="tab2Root" tabTitle="About" tabIcon="information-circle"></ion-tab>
  <ion-tab [root]="tab3Root" tabTitle="Contact" tabIcon="contacts"></ion-tab>
</ion-tabs>
```

各タブには、[root]がバインディングされています。この[root]は、src/pages/tabs/tabs.tsで次のように指定されています。

SAMPLE CODE src/pages/tabs/tabs.ts

```
export class TabsPage {
  tab1Root = HomePage;
  tab2Root = AboutPage;
  tab3Root = ContactPage;
```

これらは、それぞれsrc/home、src/about、src/contactを示しています。そして、初期に表示されるのは、先頭列で指定されている<ion-tab>のバインディング先なので、起動するとHomePageが選択されているタブのページ表示エリアに表示されます。

テンプレート作成時は通常読み込みで作成されますが、これらはすべてLazy Loadingに置き換えることが可能です。

ステップ2 ソーシャルシェアボタンをつける

アプリにソーシャルシェアボタンをつけましょう。

▶ Social Sharingの登録

Social Sharingを使って、スマホアプリでのソーシャルシェアボタンをつけます。Social Sharingを使うと、そのスマホにFacebookやTwitterアプリが入っている場合、そのアカウントを使ってソーシャルシェアを行うことができます。公式ドキュメントは下記のURLになります。

URL https://ionicframework.com/docs/native/social-sharing

まず、Social Sharingを使うために、プラグインをインストールします。プラグインには2種類あり、Cordova経由にネイティブの機能にアクセスするためのプラグインcordova-plugin-x-socialsharingと、そのプラグインをIonicで簡単に使うためのプラグイン@ionic-native/social-sharingを入れます。次のコマンドを実行します。

```
$ ionic cordova plugin add cordova-plugin-x-socialsharing
$ npm install --save @ionic-native/social-sharing
```

次に、@ionic-native/social-sharingをモジュールに登録します。src/app/app.module.tsに次を追記します。

SAMPLE CODE src/app/app.module.ts

```
+ import { SocialSharing } from '@ionic-native/social-sharing';

  providers: [
    StatusBar,
    SplashScreen,
+   SocialSharing,
    {provide: ErrorHandler, useClass: IonicErrorHandler}
  ]
```

ここにすでに登録されているStatusBar、SplashScreenはそれぞれステータスバー表示、スプラッシュ画像表示のためのネイティブプラグインでデフォルトで読み込まれています。ErrorHandlerは、Ionicのエラー画面表示のために使われているものです。

これで、Social Sharingを使う準備ができました。

▶ Facebookでシェアする

src/pages/homeで、Social Sharingを使ってFacebookでシェアする機能を追加します。src/page/home/home.tsで、@ionic-native/social-sharingからSocialSharingを読み込んできて、constructorで引数socialSharingに注入します。

SAMPLE CODE src/pages/home/home.ts

```
  import { Component } from '@angular/core';
  import { NavController } from 'ionic-angular';
+ import { SocialSharing } from '@ionic-native/social-sharing';

  @Component({
    selector: 'page-home',
    templateUrl: 'home.html'
  })
  export class HomePage {

    constructor(
      public navCtrl: NavController,
+     public socialSharing: SocialSharing
    ) {}

+   shareFacebook() {
+     this.socialSharing.shareViaFacebook('シェアする文章');
+   }
  }
```

シェアを実行するメソッドは、shareFacebook()を用意しました。shareFacebook()を実行したら、socialSharing.shareViaFacebook()が実行されます。

今回は「シェアする文章」という本文でシェアウィンドウを起動しておりますが、シェアするときに利用する画像（画像URL）があるときは第2引数を、URLもあわせてシェアする場合は第3引数を利用してください。

```
shareViaFacebook(message: string, image: string, url: string);
```

shareFacebook()の実行ボタンを、src/pages/home/home.htmlに追加します。<button>をタップすると、シェアウィンドウが起動するようになりました。

SAMPLE CODE src/pages/home/home.html

```
  <ion-content padding>
    <h2>Welcome to Ionic!</h2>
    <p>
      This starter project comes with simple tabs-based layout for apps
      that are going to primarily use a Tabbed UI.
    </p>
    <p>
      Take a look at the <code>src/pages/</code> directory to add or change tabs,
      update any existing page or create new pages.
    </p>
+   <button ion-button (tap)="shareFacebook()">Facebookシェア</button>
  </ion-content>
```

スマホアプリ向けのネイティブプラグインを利用しているため、ブラウザでは実行できません。次のコマンドでスマホアプリとしてコンパイルします。42ページでは、コマンド末尾に「--prod」をつけて、アプリの実行が高速化するAOTコンパイルを行っていましたが、本章では動作確認するだけなので、コンパイル速度が速いJITコンパイルを行います。

◉iOSを利用する場合

```
$ ionic cordova build ios
```

◉Androidを利用する場合

```
$ ionic cordova build android
```

42～45ページのように、スマホの実機をつないで動作確認してください。なお、このプラグインの実行にはFacebookアプリがインストールされている必要があるので、エミュレーターでは動作しません。

ステップ3　写真を撮影して表示する

写真を撮影して画像をアプリ内で使えるようにしましょう。

▶ Cameraの登録

Cameraを使って、スマホアプリのカメラにアクセスして写真を撮る機能を実装します。公式ドキュメントは下記のURLになります。

URL https://ionicframework.com/docs/native/camera/

Cameraを使うために、プラグインをインストールします。プラグインには2種類あり、Cordova経由にネイティブの機能にアクセスするためのプラグイン`cordova-plugin-camera`と、そのプラグインをIonicで簡単に使うためのプラグイン`@ionic-native/camera`を入れます。次のコマンドを実行します。

```
$ ionic cordova plugin add cordova-plugin-camera
$ npm install --save @ionic-native/camera
```

次に、@ionic-native/cameraをモジュールに登録します。src/app/app.module.tsに次のように追記します。

SAMPLE CODE src/app/app.module.ts

```
+ import { Camera } from '@ionic-native/camera';

  providers: [
    StatusBar,
    SplashScreen,
    SocialSharing,
+   Camera,
    {provide: ErrorHandler, useClass: IonicErrorHandler}
  ]
```

これで、Cameraを使う用意ができました。

▶カメラで撮影して表示する

src/pages/aboutで、Cameraを利用します。src/pages/about/about.tsで、@ionic-native/cameraからCameraとCameraOptionsを読み込んできて、constructorでCameraを引数cameraに注入します。CameraOptionsは、Cameraを設定するときに使う型(Interface)なので、注入は行いません。

SAMPLE CODE src/pages/about/about.ts

```
  import { Component } from '@angular/core';
  import { NavController } from 'ionic-angular';
+ import { Camera, CameraOptions } from '@ionic-native/camera';

  @Component({
    selector: 'page-about',
    templateUrl: 'about.html'
  })
  export class AboutPage {
+   shootPhoto: string;

    constructor(
      public navCtrl: NavController,
+     public camera: Camera
    ) {}

+   savePhoto(){
+     const options: CameraOptions = {
+       quality: 100,
+       destinationType: this.camera.DestinationType.DATA_URL,
+       encodingType: this.camera.EncodingType.JPEG,
+       mediaType: this.camera.MediaType.PICTURE
+     };
+
```

```
+     this.camera.getPicture(options).then((imageData) => {
+       this.shootPhoto = 'data:image/jpeg;base64,' + imageData;
+     });
+   }
  }
```

撮影した画像はBase64の値として取得するため、それを格納するためのプロパティshootPhotoを用意します。Base64とは64種類の英数字のみを用いてデータを表現する方式で、画像も英数字で表現することができます。プロパティshootPhotoの型は文字列を指定します。また、撮影するためのメソッドsavePhoto()を用意します。

最初に、起動するカメラのオプションを指定しています。qualityは画質で最大値が100です(指定しなかったら50)。destinationTypeは、データの取得形式です。ここではBase64を指定するDATA_URLを指定しています。encodingTypeは、JPEGかPNGかを指定できます。mediaTypeは静止画かビデオかを指定することのできるオプションです。

オプションを指定したら、それを第1引数として、camera.getPictureを起動します。これはPromise形式のメソッドです。成功したときにはBase64のデータをプロパティshootPhotoに代入しています。

また、savePhoto()の実行ボタンをsrc/about/about.htmlに追加します。<button>をタップすると、シェアウィンドウが起動するようにします。同時にプロパティshootPhotoをバインディングする<img>も作成します。

これで、画像が撮影されると、Base64が生成され、ボタンの下に画像として表示されるようになりました。

SAMPLE CODE src/pages/about/about.html

```
  <ion-content padding>
+   <button ion-button (tap)="savePhoto()">撮影</button>
+   <img src="{{shootPhoto}}">
  </ion-content>
```

次のコマンドでコンパイルを行います。

●iOSを利用する場合

```
$ ionic cordova build ios
```

●Androidを利用する場合

```
$ ionic cordova build android
```

カメラも、スマホアプリ向けのネイティブプラグインを利用しているため、ブラウザでは実行できません。スマホの実機をつなぐかエミュレーターを使って動作確認してください。

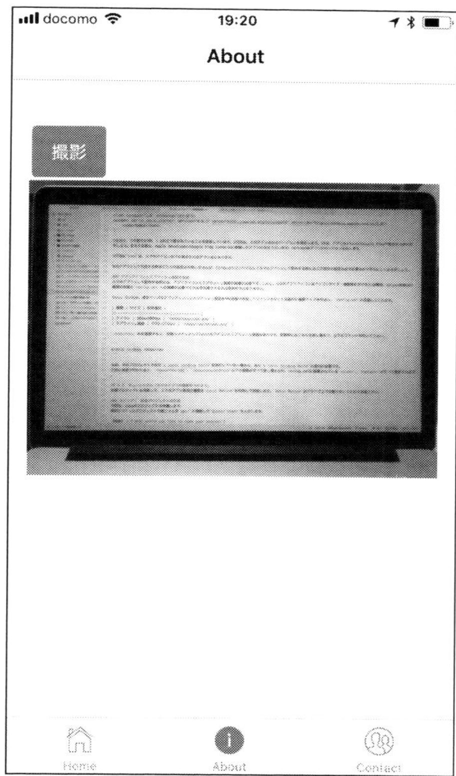

ステップ4　バッジを使って通知数を表示する

ソーシャルシェアボタン、カメラはアプリ内で動作するものでしたので、アプリ画面外を操作できる機能の1つとしてバッジ機能を実装しましょう。

▶ Badgeの登録

Badgeを使って、アプリアイコンにバッジをつけることができるようにします。公式ドキュメントは下記のURLになります。

URL https://ionicframework.com/docs/native/badge/

Badgeを使うために、プラグインをインストールします。次のコマンドを実行します。

```
$ ionic cordova plugin add cordova-plugin-badge
$ npm install --save @ionic-native/badge
```

次に、@ionic-native/badgeをモジュールに登録します。src/app/app.module.tsに次のように追記します。

SAMPLE CODE src/app/app.module.ts

```
+ import { Badge } from '@ionic-native/badge';

  providers: [
    StatusBar,
    SplashScreen,
    SocialSharing,
    Camera,
+   Badge,
    {provide: ErrorHandler, useClass: IonicErrorHandler}
  ]
```

これで、Badgeを使う用意ができました。

▶ ボタンクリックでバッジを増減させる

src/pages/contactでバッジを利用します。src/pages/contact/contact.tsで、@ionic-native/badgeからBadgeを読み込んできて、constructorでBadgeを引数badgeに注入します。

SAMPLE CODE src/pages/contact/contact.ts

```
  import { Component } from '@angular/core';
  import { NavController } from 'ionic-angular';
+ import { Badge } from '@ionic-native/badge';

  @Component({
    selector: 'page-contact',
    templateUrl: 'contact.html'
  })
  export class ContactPage {

    constructor(
      public navCtrl: NavController,
+     public badge: Badge
    ) {}

+   upBadge(){
+     this.badge.increase(1);
+   }

+   clearBadge(){
+     this.badge.clear();
+   }
  }
```

ここでは、バッジを増やすupBadge()メソッドと、バッジを削除するclearBadge()メソッドを用意します。また、それをHTMLファイルにも反映します。

SAMPLE CODE src/pages/contact/contact.html

```
  <ion-content>
    <ion-list>
-     <ion-list-header>Follow us on Twitter</ion-list-header>
-     <ion-item>
-       <ion-icon name="ionic" item-left></ion-icon>
-       @ionicframework
-     </ion-item>

+     <ion-list-header>バッジの操作</ion-list-header>
+     <ion-item (tap)="upBadge()">バッジを増やす</ion-item>
+     <ion-item (tap)="clearBadge()">バッジクリア</ion-item>
    </ion-list>
  </ion-content>
```

次のコマンドでコンパイルを行います。

◉iOSを利用する場合

```
$ ionic cordova build ios
```

◉Androidを利用する場合

```
$ ionic cordova build android
```

バッジも、スマホアプリ向けのネイティブプラグインを利用しているため、ブラウザでは実行できません。スマホの実機をつなぐかエミュレーターを使って動作確認してください。

実機、またはエミュレーターで起動したら、「バッジを増やす」をタップしてください。iOSのみ「通知を送信します。よろしいですか?」と許可を求める画面が出ます。許可をタップしてください。

アラートやトーストによる通知を実装していないのでバッジの増減をタップしてもアプリ上では変化はわかりませんが、ホーム画面を表示するとアプリのバッジに反映されていることが確認できます。

●許可を求める画面

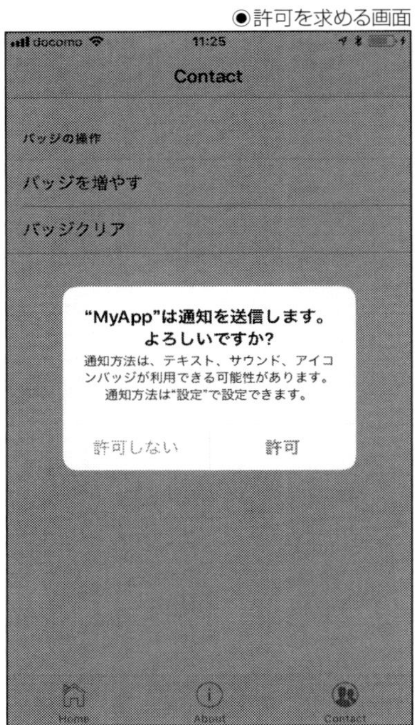

●バッジの反映

ONEPOINT Ionic Nativeについて

「ソーシャルシェア」「カメラ」「バッジ」の3つのNative機能を操作しました。これらのようにプラグインを通して実機のネイティブ機能を操作するIonic Nativeは120種類以上あります。ぜひ公式ドキュメントをご確認ください。

- Ionic Native
  URL https://ionicframework.com/docs/native/

SECTION-018

PWAの設定について　～コラム③

ここでは、PWAの設定について紹介します。

Service Workerを有効にする

PWAのメリットであるオフライン表示やPush通知などを実現するためには、ブラウザがバックグラウンドで実行するService Workerという仕組みを利用します。

Service Workerを利用するためには、`src/index.html`で、Service Workerを読み込む部分のコメントアウトを削除します。

SAMPLE CODE src/index.html

```
- <!-- un-comment this code to enable service worker
  <script>
    if ('serviceWorker' in navigator) {
      navigator.serviceWorker.register('service-worker.js')
        .then(() => console.log('service worker installed'))
        .catch(err => console.error('Error', err));
    }
- </script>-->
+ </script>
```

コメントアウトを外したら有効化され、インストールバナーやオフライン環境下でもキャッシュの表示が有効になります。

Service Workerは、localhostとSSL環境のみ動作します。しかし、localhost下で行っている開発中にキャッシュが表示されてしまうと、変更確認などに支障があるので、次のように変更します。

SAMPLE CODE src/index.html

```
<script>
+ if (document.location.protocol === "https:"){
    if ('serviceWorker' in navigator) {
      navigator.serviceWorker.register('service-worker.js')
        .then(() => console.log('service worker installed'))
        .catch(err => console.error('Error', err));
    }
+ }
</script>
```

`protocol`が`https:`を返すとき、つまりSSL環境下のみでService Workerを有効にするように変更しました。

インストールバナーの設定

Ionicには、デフォルトでWeb App Manifestが用意されており、これを利用すると、PWAのホーム画面追加を提案するインストールバナーを表示することができます。

Web App Manifestの設定は`src/manifest.json`に記述されており、アプリ名、メインカラー、アイコン画像などをここで設定します。

SAMPLE CODE src/manifest.json

```
{
  "name": "Ionic",
  "short_name": "Ionic",
  "start_url": "index.html",
  "display": "standalone",
  "icons": [{
    "src": "assets/imgs/logo.png",
    "sizes": "512x512",
    "type": "image/png"
  }],
  "background_color": "#4e8ef7",
  "theme_color": "#4e8ef7"
}
```

インストールバナーが表示されるのは、Service Workerを有効にしており、5分以上の間隔を置いて2回以上のアクセスがある場合です。ここで「追加」をタップすると、ホーム画面にPWAへのリンクが追加されます。そのリンクをクリックすると、URLバーのないブラウザが立ち上がり、ユーザはスマホアプリと同等のUXを得ることができます。

オフラインキャッシュ機能の設定

先ほど、コメントアウトを外し、navigator.serviceWorker.register('service-worker.js')を有効にしました。

ここで読み込まれるsrc/service-worker.jsでは、sw-toolboxというライブラリを用いて、オフラインキャッシュ機能を実装されています。

SOURCE CODE | src/service-worker.js

```
'use strict';
importScripts('./build/sw-toolbox.js');

self.toolbox.options.cache = {
  name: 'ionic-cache'
};

// pre-cache our key assets
self.toolbox.precache(
  [
    './build/main.js',
    './build/vendor.js',
    './build/main.css',
    './build/polyfills.js',
    'index.html',
    'manifest.json'
  ]
);
// dynamically cache any other local assets
self.toolbox.router.any('/*', self.toolbox.cacheFirst);

// for any other requests go to the network, cache,
// and then only use that cached resource if your user goes offline
self.toolbox.router.default = self.toolbox.networkFirst;
```

service-worker.jsでは、2種類のオフラインキャッシュの設定を行っています。

1つがself.toolbox.cacheFirstという「キャッシュがあればそれを表示して、ネットワーク上からデータは取得しない」設定です。この設定は高速でデータのレスポンスができますが、キャッシュの更新はされません。したがって、ネットワーク上に最新のデータがあっても、キャッシュの有効期限が切れるまでは利用することはできません。デフォルトでは、ドメイン以下(/*)のファイルがこの設定です。

もう1つは`self.toolbox.networkFirst`という「ネットワーク接続を試みて、失敗したときはキャッシュを表示する」設定です。この設定は常にネットワーク上の最新データを表示することができますが、オフライン環境下では失敗のレスポンスが返ってくるまでキャッシュデータを表示せず、レスポンスが遅くなる場合があります。デフォルトでは、HTTP通信でアクセスしたドメイン外のデータがこの設定となっています。

オフラインキャッシュの設定は、他に、ネットワーク接続とキャッシュを同時に要求し、レスポンスが早い方を利用する`self.toolbox.fastest`、キャッシュのみを利用する`self.toolbox.cacheOnly`、ネットワーク接続のみを利用する`self.toolbox.networkOnly`があります。

プロダクトの特性に応じて設定ください。

PWAで他にできること

PWAでは、他にもできることがあります。それぞれ簡単に紹介しておきます。

▶ Push通知

Webアプリケーションでも、リアルタイムに**Push通知**を送ることができます。Googleの提供しているFirebaseを利用して実装するのが一般的です。

▶ Background Sync

Background Syncは、オフライン時にデータを保持しておいて、オンラインになったときにバックグラウンドでデータを送信する機能です。たとえば、オフライン下でチャットを送信すると、その送信タスクを保持し、オンライン復帰時に送信を実行するよう設定することができます。

▶ 現在地の取得

Geolocation APIを利用して、ユーザーの現在位置を利用することができます。緯度経度、高度、その値の精度などを値を取得します。

CHAPTER 07
テスト自動化実践

SECTION-019

今日書くテストは明日のあなたを助ける

長期の開発運用フェーズが見込まれる場合、テストを自動化すると思わぬ不具合を防ぐことができます。ここでの「テスト」は、書いたコードが期待通りに動くかどうかを検証することを指します。

テストコードを書いて自動化したことのない人は、書いたコードがどう動くかは、ブラウザを立ち上げてユーザと同じようにクリックして確認してきたと思います。

これも一種のテストではあるのですが、アプリの規模が多くなるに従って確認に費やす時間もどんどん増えて、リリースから数カ月経って行った修正では「あれ、ここのコードって、影響するのここだけだっけ」などと迷うことも多くあります。また、軽微な修正でも、アプリ全体の挙動を確認することになり、「これ問題ないよね」と不安になりながら修正をリリースすることにもなってしまいます。

これをプログラムで検証することによって、検証作業を自動化して確認漏れを防ぎます。

「テストコードを書くのは時間がかかる」とテストを自動化せずに開発することは、「邪魔だから命綱なしで綱渡りする」ことにたとえられます。ぜひ、本章でテストの書き方を覚えて、長期の保守でも安心なアプリ開発を行ってください。

テストを自動化するためのパッケージ

Ionicでテスト自動化に使うためのパッケージを見ていきます。

▶値を確認するための「Jasmine」

Jasmineは、プログラムによって出力される値が期待通りかどうかを確認する「アサーションモジュール」が内包されたテストフレームワークです。

単純な例ですが、次のように書きます。

```
const add = (a, b)=> a + b;

describe('加算が正しいかどうかの確認', ()=>{
  it('1 + 1 = 2', () => {
    expect(add(1, 1)).toBe(2);
  });
});
```

最初に、aとbの値を加算する関数add()を用意しています。そして、describeというテストを実行するメソッド内で、実際にadd()を実行して、期待通りの値が返ってくるかを確認しています。ここでは、1 + 1を実行したら2になるかを確認しています。

テンプレートの要素を取得してきて文言が正しいかや、HTTP通信の結果は予定通りであるか、などを確認します。

▶ テストを実行するためのタスクランナー「Karma」

Jasmineのテストはブラウザ上で実行しますが、複数のテストファイルがある場合はそれぞれをクリックして起動して……というのはテスト自動化を行う上で現実的ではありません。

そこで、Karmaというテスト用のタスクランナーをコンソールから実行します。

▶ E2Eテストを実現する「Protractor」

JasmineとKarmaを組み合わせると、値が予定通りかどうかをテストすることができます。これは「**ユニットテスト**」と呼ばれ、関数やメソッド単位でテストを行うことが一般的です。

しかし、ユニットテストでは、「ユーザがリンクをクリックして、ページ遷移して……」といった複雑なテストを行うことはできません。そこで、Protractorというツールを導入することで「**E2Eテスト(End to Endテスト)**」と呼ばれる「実際のブラウザでの動きをシミュレーションするようなテスト」が可能になります。

SECTION-020

テスト自動化で動作結果を確認しよう ～チュートリアル⑤

Ionicには、デフォルトでテスト自動化のためのツールは用意されていません(執筆時現在／将来的には実装予定)。そこで、公式が用意しているKarmaとJasmineを用いたテストサンプルを導入して、「テスト自動化はどういったものか」を確認してみましょう。

ステップ1　環境設定

最初に作ったプロジェクトの親フォルダdev/に移動して、次のコマンドを実行してください。1行目で、公式のテストプロジェクトをGitでダウンロードします。そして、2行目でダウンロードしたディレクトリに移動して、3行目で、npmパッケージをインストールします。

```
$ git clone https://github.com/ionic-team/ionic-unit-testing-example.git
$ cd ionic-unit-testing-example
$ npm install
```

作成されたプロジェクトを見ると、Ionic CLIで作成するプロジェクトとほぼ同様ですが、テストのためのフォルダ・ファイルがいくつか配置されています。テスト実行のために追加・変更されているファイルについては下表の通りです。

フォルダ/ファイル名	概要
coverage/	カバレッジテストを実行すると生成され、テストの網羅率が確認できる
e2e/	「Protractor」のテストファイルを格納されている
test-config/	テストパッケージの設定ファイルが格納されている
package.json	テストパッケージとタスクランナーが追加されている
tsconfig.json	「src/**/*.spec.ts」が追加されている

テストコードは*.spec.tsに書くように設定されており、src/app/app.component.spec.ts、src/pages/page1/page1.spec.tsがそれぞれ追加されています。これらはJasmineで利用するテストコードです。

ステップ2　テスト自動化の実行

初期に用意されているテスト自動化のファイルを読むことで、テスト自動化への理解を深めます。

▶テスト自動化のタスクを読む

テストの実行は、package.jsonのタスクに設定されています。ここに設定されているタスクはnpm run *で実行することができます。

SAMPLE CODE package.json

```
"scripts": {
  ... (中略) ...
  "test": "karma start ./test-config/karma.conf.js",
  "test-ci": "karma start ./test-config/karma.conf.js --single-run",
  "test-coverage": "karma start ./test-config/karma.conf.js --coverage",
  "e2e": "npm run e2e-update && npm run e2e-test",
  "e2e-test": "protractor ./test-config/protractor.conf.js",
  "e2e-update": "webdriver-manager update --standalone false --gecko false"
},
```

それぞれのタスクの概要は下表の通りです。

タスク名	概要
test	Karmaを使った常時監視テスト。コードが変更されたら自動的にテストが実行される
test-ci	タスクを走らせたら、Karmaを使って一度だけテストが実行される
test-coverage	テストの網羅率を算出して、「coverage/」フォルダに出力する
e2e	「e2e-update」を実行した後、「e2e-test」実行する
e2e-test	Protractorを使ったE2Eテストを実行する
e2e-update	Protractorを実行するためのサーバをアップデートする

▶ ユニットテストの実行

ユニットテストを実行してみましょう。Karmaを使った常時監視テストを行うので、次のコマンドを実行してください。

```
$ npm run test
```

正常に実行できれば、次のようなメッセージがコンソールに表示されます。

```
webpack: Compiled successfully.
25 09 2017 16:33:35.817:INFO [karma]: Karma v1.7.1 server started at http://0.0.0.0:9876/
25 09 2017 16:33:35.817:INFO [launcher]: Launching browser Chrome with unlimited concurrency
25 09 2017 16:33:35.930:INFO [launcher]: Starting browser Chrome
25 09 2017 16:33:38.738:INFO [Chrome 62.0.3202 (Mac OS X 10.12.6)]: Connected on socket
jBXSFQPUhT4AVIIxAAAA with id 76034299
.....
Chrome 62.0.3202 (Mac OS X 10.12.6): Executed 5 of 5 SUCCESS (1.39 secs / 1.372 secs)
```

Karmaがサーバを立ち上げ、5件のテスト中、5件が成功できたと表示されています。

次はテストを失敗させてみます。`src/app/app.component.spec.ts`の41行目に次のテストコードがあります。

SAMPLE CODE src/app/app.component.spec.ts

```
it('should have two pages', () => {
  expect(component.pages.length).toBe(2);
});
```

これは、src/app/app.component.tsのプロパティpagesに格納されている配列が2つ格納されているか確認しています。実際に2つが格納されているのですが、これを3に変更して保存します。

SAMPLE CODE src/app/app.component.spec.ts

```
  it('should have two pages', () => {
-   expect(component.pages.length).toBe(2);
+   expect(component.pages.length).toBe(3);
  });
```

保存すると、再度、自動的にテストが走り、コンソールにエラーが表示されます。最終行で1つのテストが失敗したことが表示されます。

```
Chrome 62.0.3202 (Mac OS X 10.12.6): Executed 5 of 5 (1 FAILED) (2.193 secs / 2.163 secs)
```

▶E2Eテストの実行

E2Eテストを実行するためには、先にionic serveで開発用サーバを立ち上げておく必要があります。その立ち上がっているサーバを操作する形でE2Eテストが実行されるためです。ionic serveが実行されている状態で次のコマンドを実行してください。

```
$ npm run e2e
```

自動的にブラウザが立ち上がり、操作を行った後、ログが出力されます。

```
[17:12:44] I/direct - Using ChromeDriver directly...
Jasmine started


  App


    default screen
      ✓ should have a title saying Page One


Executed 1 of 1 spec SUCCESS in 1 sec.
[17:12:45] I/launcher - 0 instance(s) of WebDriver still running
[17:12:45] I/launcher - chrome #01 passed
```

今回、実行されたテストファイルは、e2e/app.e2e-spec.tsです。1行目でimportされているPageは、立ち上がったアプリそのものを指します。そのアプリの「/」(トップディレクトリ)に移動したところ、ページタイトルはPage Oneと一致するかどうかのテストが行われています。

SAMPLE CODE e2e/app.e2e-spec.ts

```
import { Page } from './app.po';

describe('App', () => {
  let page: Page;
```

```
  beforeEach(() => {
    page = new Page();
  });

  describe('default screen', () => {
    beforeEach(() => {
      page.navigateTo('/');
    });

    it('should have a title saying Page One', () => {
      page.getTitle().then(title => {
        expect(title).toEqual('Page One');
      });
    });
  })
});
```

「Page One」の最後の文字「e」を削除して、再度npm run e2eを実行してみましょう。

SAMPLE CODE e2e/app.e2e-spec.ts

```
  it('should have a title saying Page One', () => {
    page.getTitle().then(title => {
-     expect(title).toEqual('Page One');
+     expect(title).toEqual('Page On');
    });
  });
```

テストが失敗して、次のログが出力されます。

```
Jasmine started

  App

    default screen
      ✗ should have a title saying Page One
        - Expected 'Page One' to equal 'Page On'.

**************************************************
*                    Failures                    *
**************************************************

1) App default screen should have a title saying Page One
  - Expected 'Page One' to equal 'Page On'.

Executed 1 of 1 spec (1 FAILED) in 1 sec.
```

CHAPTER 08

実践Tips

SECTION-021

jQueryの使い方

IonicではTypeScriptを採用しているため、jQueryを使う必要はありません。しかし、長年jQueryで開発していた人にとっては、開発を高速化するためにjQueryを使いたいシーンも出てくると思うので、jQueryの使い方を紹介します。

jQueryのインストール

「$」を使ったセレクター指定やアニメーションなど、基本的な機能を使うことができるようにします。

▶ jQueryのダウンロード

jQuery公式サイトからjQueryのminifyされたファイルをダウンロードします。次のURLにアクセスして「Download the compressed, production jQuery 3.2.1」をクリックしてください(記事執筆時点の最新バージョン)。

URL https://jquery.com/download

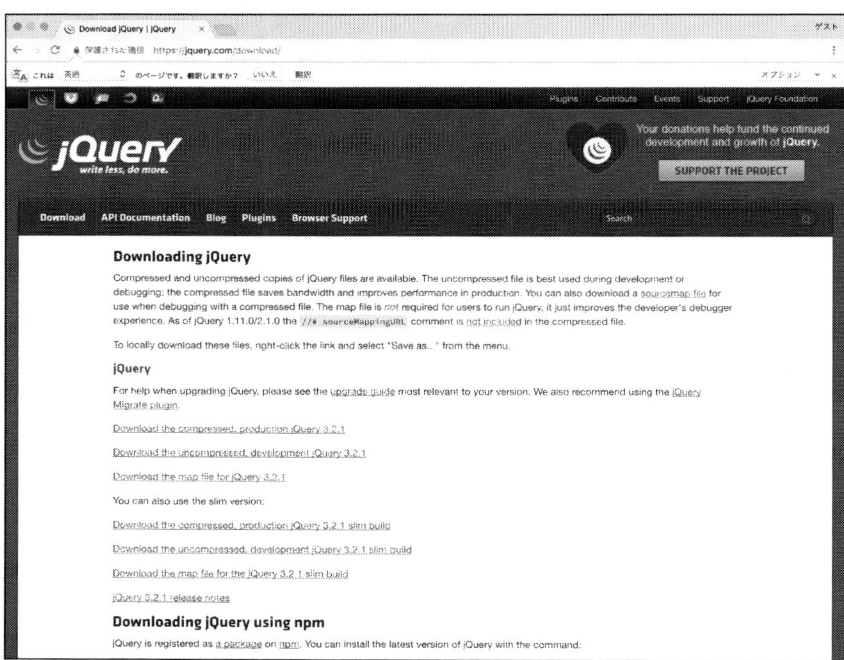

クリックするとファイルのダウンロードがはじまり、ローカルディレクトリに`jquery-3.2.1.min.js`がダウンロードされます。このファイルは、jQueryを利用するIonicプロジェクトの`src/assets/`に`plugin`フォルダを作成し、その中に配置します(`src/assets/plugin/jquery-3.2.1.min.js`)。

▶ jQueryの有効化

Ionicプロジェクトのsrc/index.htmlで、jQueryファイルを読み込みます。<script src="build/main.js"></script>の下に、次のように追記します。

SAMPLE CODE src/index.html

```
<body>

  <!-- Ionic's root component and where the app will load -->
  <ion-app></ion-app>

  <!-- The polyfills js is generated during the build process -->
  <script src="build/polyfills.js"></script>

  <!-- The vendor js is generated during the build process
       It contains all of the dependencies in node_modules -->
  <script src="build/vendor.js"></script>

  <!-- The main bundle js is generated during the build process -->
  <script src="build/main.js"></script>
+ <script src="assets/plugin/jquery-3.2.1.min.js"></script>
```

また、TypeScriptでjQueryの定義している「$」を関数として使うために、型を定義する必要があります。型定義ファイルを設置するために、src/フォルダにdeclarations.d.tsを新規作成します。そして、次のコードを入力してください。

SAMPLE CODE src/declarations.d.ts

```
+ declare const $: Function;
```

「$」を関数型で定義しており、これによってIonic上のコードで「$」を扱えるようになりました。

jQueryプラグインの使い方

jQueryにはたくさんのプラグインが公開されています。今回は、SVGパスアニメーションを手軽に扱えるjQueryプラグイン「jQuery DrawSVG」をサンプルに使って解説します。ただし、利用するには、先にjQueryを有効化する必要があります。

▶ プラグインのダウンロードと有効化

jQuery DrawSVGにアクセスして、「Download (zip)」からファイルをダウンロードします。

URL http://leocs.me/jquery-drawsvg

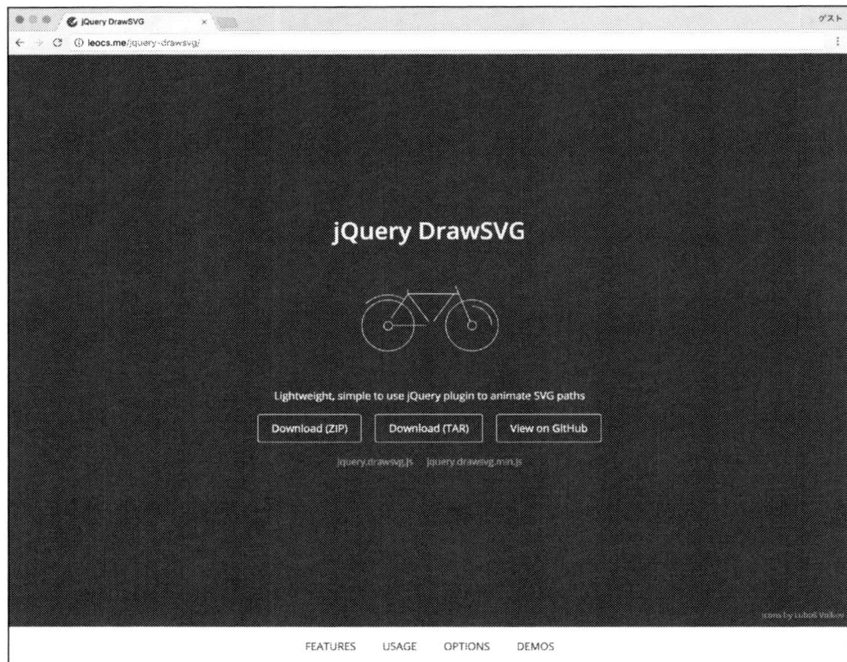

解凍したzipファイルの中にある`src/jquery.drawsvg.js`がプラグイン本体です。プラグイン本体を、先ほどのjQuery本体を入れたフォルダと同じ場所に移動します（`src/assets/plugin/jquery.drawsvg.js`）。

次に、プラグイン本体を読み込みます。`src/index.html`のjQuery本体の読み込みのコードの下に、次ようにコードを追記します。

SAMPLE CODE src/index.html

```
  <!-- The main bundle js is generated during the build process -->
  <script src="build/main.js"></script>
  <script src="assets/plugin/jquery-3.2.1.min.js"></script>
+ <script src="assets/plugin/jquery.drawsvg.js"></script>
```

▶ プラグインを使う

`ionic start`コマンドで`blank`テンプレートからプロジェクトを作成し、以下のように変更します。`<div class="wrapper">`以下はデモで使われているSVGパスなので、次のURLからコピー&ペーストしてください。

URL https://codepen.io/lcdsantos/pen/zvGXbr

また、このSVGパスは白色で、このままだと背景と同化してみえないため、`<ion-content>`に背景色「`#673ab7`」を設定します。

SAMPLE CODE src/pages/home/home.html

```
- <ion-content padding>
-   The world is your oyster.
-     <p>
-       If you get lost, the <a href="http://ionicframework.com/docs/v2">docs</a>
-       will be your guide.
-     </p>
+ <ion-content padding style="background-color: #673ab7;">

+   <div class="wrapper">
+     <svg viewBox="0 0 175 256" style="background-color:#ffffff00"
+          xmlns="http://www.w3.org/2000/svg" width="175" height="256">
+       <g stroke="#FFF" stroke-width="2" fill="none">
+         <path d="M157.068 33H165c4.77 0 9 4.464 9 9.706v202.758c0
+                  5.243-4.288 9.536-9.524 9.536H10.524C5.288 255 1 250.707 1
+                  245.464V42.707C1 37.464 5.06 33 10.017 33h9.203" />
+         <path d="M67 33V22.35c0-11.286 8.974-20.56 20.353-20.56 5.688 0 10.91 2.327
+                  14.574 6.08C105.69 11.547 108 16.66 108 22.35V33" />
+         <path d="M103.302 33H157v45H19V33h52.72" />
+         <path d="M95.068 25.237c0 4.293-3.474 7.785-7.76 7.785-4.284
+                  0-7.758-3.492-7.758-7.785
+                  0-4.302 3.474-7.785 7.757-7.785 4.287 0 7.76 3.482 7.76 7.785z" />
+         <path d="M18.696 103h137.896v.17" />
+         <path d="M18.738 127h42.64v.308" />
+         <path d="M18.738 155h137.854v.068" />
+         <path d="M18.738 178h137.854v-.006" />
+         <path d="M18.696 227h137.868v-.21" />
+       </g>
+     </svg>
+   </div>
  </ion-content>
```

次に、jQueryプラグインの実行コードを書き加えます。

SAMPLE CODE src/pages/home/home.ts

```
  @Component({
    selector: 'page-home',
    templateUrl: 'home.html'
  })
  export class HomePage {

    constructor(public navCtrl: NavController) {

    }
+   ionViewDidEnter(){
+       setTimeout(()=>{
+           const $svg = $('page-home svg').drawsvg();
```

▼

```
+            $svg.drawsvg('animate');
+        },100);
+    }
  }
```

用意したSVGパスをアニメーション描画対象として変数$svgに登録して、$svg.drawsvg('animate');でSVGパスを描画しています。この実行をsetTimeoutを使って100ms遅らせているのは、アニメーションを確認しやすくするためです。ライフサイクルイベントであるionViewDidEnterを使って、これらのコードを実行しています。

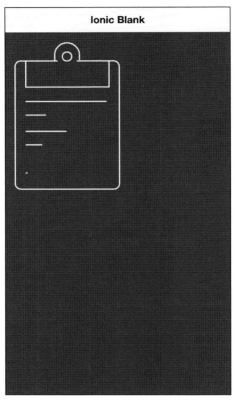

このようにすると、jQueryプラグインをIonicプロジェクトで扱うことができます。

CHAPTER 08 実践Tips

SECTION-022

NetlifyとGitHubを使ったWebアプリの自動デプロイ

「**Netlify**」という無料サーバーサービスと、バージョン管理システム「**Git**」のホスティングサービス「**GitHub**」を使うと、簡単にWebアプリの自動デプロイができます。自動デプロイとは、GitにPushしたら自動的にサーバに反映される仕組みです。

なお、ここでは、GitとGitHubについての詳細は割愛しています。詳しく知りたい方は、Web上の情報や、関連書籍を参考にしてください。

GitHubにプロジェクトの登録

GitHubで「ionic-product」というリポジトリを新規作成して、Ionicプロダクトをリポジトリに登録します。次に、Ionicプロジェクトで次のコマンドを実行してください(「**【ユーザID】**」は自分のものに置き換えてください)。

```
$ git init
$ git commit -m "first commit"
$ git remote add origin https://github.com/【ユーザID】/ionic-product.git
$ git push -u origin master
```

`git init`でローカルにGitのリポジトリを作成し、`git commit`でソースコードをローカルリポジトリにコミット(登録)しました。`git remote add`で先ほど作成したGitHubのリポジトリを追加し、`git push`でコミットしたソースコードをGitHubに送信しています。

●リポジトリ「ionic-product」

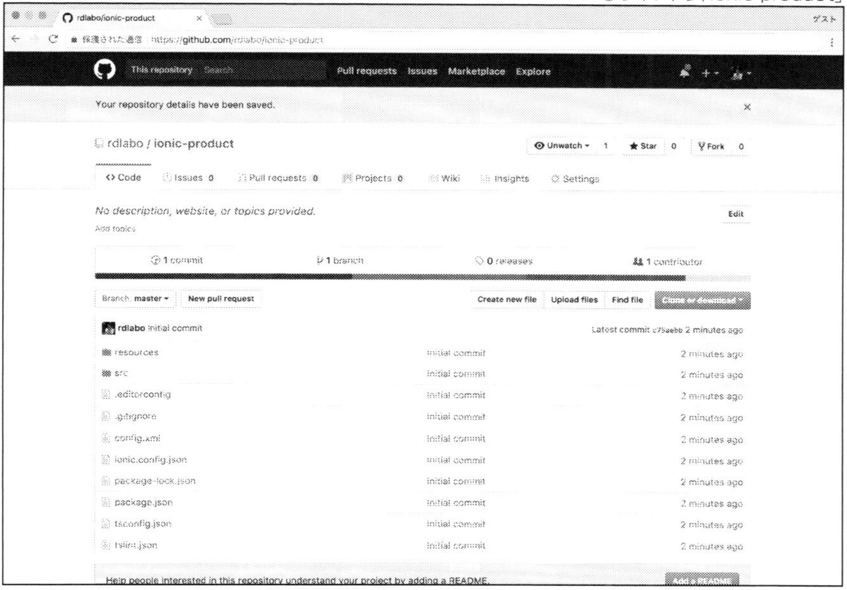

GitHubからリポジトリ「ionic-product」を見てみると、ローカルのソースコードがGitHubに反映されています。

`node_modules/`、`www/`といった一部のファイル・フォルダが漏れていますが、これらはそれぞれ`npm install`コマンド、`npm run build`コマンドで生成できるので`src/.gitignotre`で無視するように設定されているためです。

Netlifyへのデプロイ

Netlifyにサインアップします。次のURLにアクセスして、GitHubのボタンからソーシャルログインください。

- Netlify

  URL https://app.netlify.com/signup

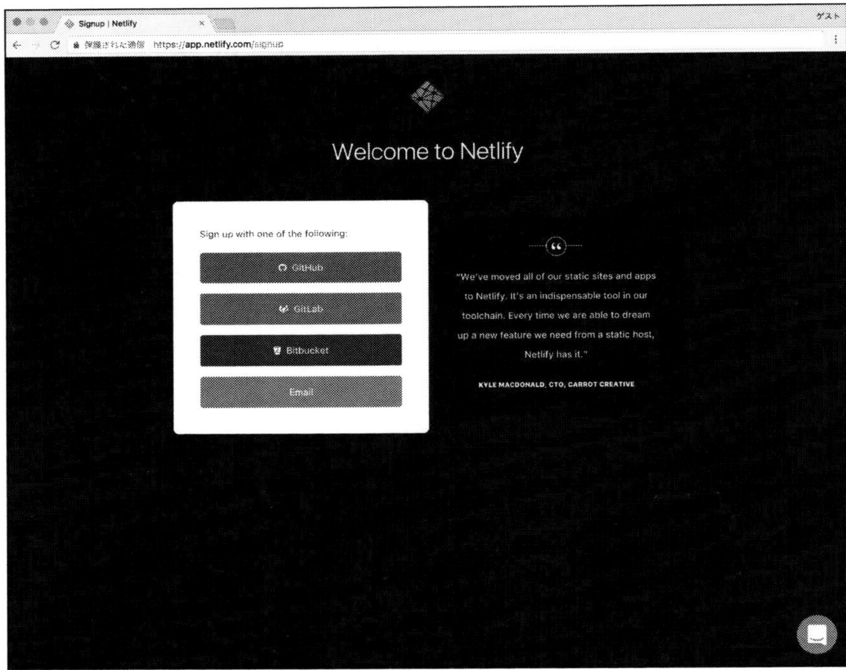

続いて、右上の「New site from Git」をクリックしてください。そうすると、どのGitアカウントのリポジトリを使うか選択できるので、「GitHub」をクリックし、先ほど作ったリポジトリ「ionic-product」を選択します。

●Deploy設定

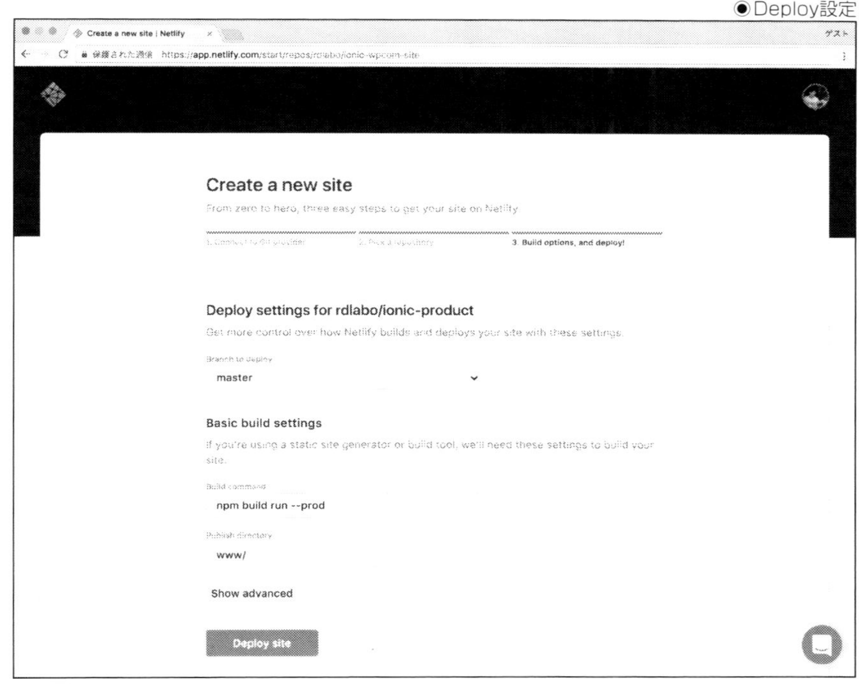

そうすると、どうやってデプロイするか設定できる「Create a new site」という画面が表示されるので、下表のように設定してください。

項目	設定値
Branch to deploy	master
Build command	npm run build --prod
public directory	www/

Branch to deployはデプロイ対象のブランチです。変更していない場合、初期値の`master`を利用します。

Build commandはデプロイ時に実行するコマンドです。Netlifyでは、カレントディレクトリに`package.json`がある場合、`npm install`コマンドは自動的に実行されるので、IonicプロジェクトをWebアプリ向けにAOTビルドする`npm run build --prod`のみを入力します。たとえば、`apps/`以下にIonicプロジェクトがある場合は、`cd apps && npm install && npm run build --prod`となります。

public directoryは公開フォルダなので**www/**です。

以上で設定は完了です。「Deploy site」ボタンをクリックすると、自動でGitHubからソースコードを取得し、ビルドが実行されます。

これで、GitHubのmasterブランチにPushする度に自動的にデプロイが行われ、常に最新のmasterブランチのソースコードが反映されるようになりました。

SECTION-023

URLから「#」をなくす方法

プロジェクトをWebで公開すると、次のようにURLルーティングにハッシュ「#」が入ります。

```
https://example.com/#/tabs
```

デフォルトではこのハッシュによりURLルーティングされます。このハッシュをなくし、通常のWebページのようにパスによるルーティングを行う方法を紹介します。

Ionicのルーティング設定

プロジェクトでURLルーティングの設定を行います。まず、app.module.tsで、IonicModule.forRootの第2引数にlocationStrategy :'path'を指定します。

SAMPLE CODE src/app/app.module.ts

```
@NgModule({
    ...(中略)...
    imports: [
        BrowserModule,
-       IonicModule.forRoot(MyApp),
+       IonicModule.forRoot(MyApp,
+           {
+               locationStrategy: 'path',
+           }),
    ],
```

IonicModule.forRootの第2引数では、プロジェクト全体のルールを変更することができ、URLルーティング以外にも、バックボタンのテキストやアニメーションエフェクトなどを設定することができます。詳しくは公式ドキュメントをご覧ください。

URL https://ionicframework.com/docs/api/config/Config/

次に、index.htmlで、相対パスの基準URIを指定します。<head>タグの中に<base>タグを配置しましょう。

SAMPLE CODE src/index.html

```
<!DOCTYPE html>
<html lang="en" dir="ltr">
<head>
  <meta charset="UTF-8">
  ...(中略)...
  <link href="build/main.css" rel="stylesheet">
+ <base href="/">
</head>
```

これで、プロジェクト内のURLや相対パスが変更されました。

サーバーのルーティング設定

プロジェクトに設定するだけだと、たとえば、https://example.com/tabsの場合、リロードするとtabs/index.htmlを見にいきエラーを返します。

そこで、常に公開ディレクトリのindex.htmlを見にいくように設定します。161ページで紹介したNetlifyだと公開ディレクトリに_redirectsというファイルを設置して、そこに次のように記述します。

```
/* /index.html 200
```

Build commandで指定するときは、次のように記述します。

```
npm run build --prod && echo "/* /index.html 200" > www/_redirects
```

Apacheでは.htaccess、Nginxではnginx.confで設定することになります。これはサーバごとで設定が異なるので、それぞれの設定方法をご確認ください。

これで、URLルーティングからハッシュを取り除くことができました。

App Storeでのアプリリリース

iOSアプリをApp Storeでリリースするためには多くの設定と手続きが必要となります。アプリリリース作業のイメージを掴むために一連の作業をご紹介します(詳しくは「App Store リリース」などで検索ください)。

リリース作業

リリース作業をするためには、アプリ本体以外にも、App Storeで表示するアイコンとスクリーンキャプチャ(iPhone5.8インチ/iPhone5.5インチ/iPad用の3種類)が必要となります。事前に用意してください。

▶iOS Developer Programの登録

App Storeでアプリを公開するためには、有料無料問わず、アプリの開発者登録(iOS Developer Program)への登録が必要です。為替によりますが1年あたり1万5000円程度の年会費が必要です。なお、年会費はアプリを1つもリリースしていなかったとしてもかかりますので、アプリ公開直前に登録するようにしましょう。

開発者登録するために、次のURLにアクセスします。

- Apple Developer Program

URL https://developer.apple.com/programs/enroll/jp/

個人、法人のどちらとしても登録が可能ですが、法人は「D-U-N-S Number」という企業コードが必要です。世界企業識別コードで、日本では「東京商工リサーチ」のWebサイトから取得可能です。氏名、住所などの必要情報の入力が完了したら、商品購入ページに移動しますので、Apple IDを入力して注文を確定します。

これで、Apple IDに紐づいてアプリの開発者登録が完了しました。

▶ Member Center登録

開発者登録を済ませると、**Member Center**にログインできるようになります。ここでは証明書を発行・管理することができます。開発者登録したAppleIDでログインしたまま、次のURLにアクセスください。

URL https://developer.apple.com/account

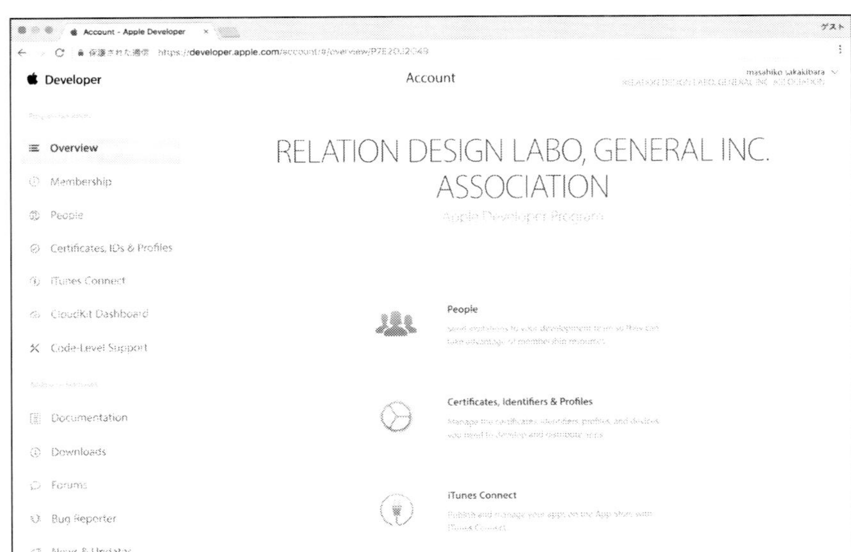

証明書を発行・管理するページに行くためには、左メニューから「Certificates, Identifiers & Profiles」をクリックしてください。アプリをリリースするためには、このページで次の手続きをする必要があります。

1. 「Certificate」を作成します。これは開発するmacOSを「Member Center」と紐づけるための作業です。
2. 「AppIDs」から、リリースするアプリを新規登録します。App Name(アプリ名)、Bundle ID(アプリドメイン。「reverse-domain name」という形式で入力する一意のID)などを登録します。
3. 「Provisioning Profiles」を作成します。これは、あなたのmacOSと「Certificate」、「AppIDs」を紐づける作業です。

これが完了したら、いよいよアプリ申請です。

▶ iTunesConnectとXcodeを使ってアプリ申請

アプリの申請・管理はiTunesConnectを利用します。

- iTuneConnect

  URL https://itunesconnect.apple.com

「マイ App」をクリックして、右上+ボタンから新規アプリ(新規 App)の作成を行います。アプリ名やAppIDsで作ったBundle IDを選択して「作成」をクリックしてください。そうすると、アプリの設定画面が表示されるので、App 情報をすべて埋めて保存ください。

次に、Xcodeを使ってiTunesConnectに、アプリを送信します。`ionic cordova build ios --prod`コマンドでコンパイルしたIonicプロジェクトをXcodeから開きます。

●Xcode

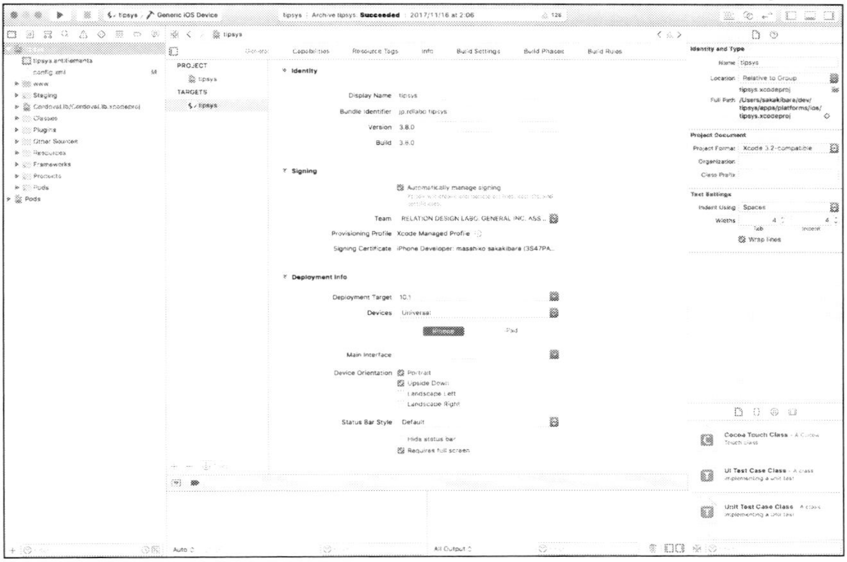

「Signing」の項目で「Automatically manage signing」にチェックをつけ、「Team」に開発者登録をしたApple IDを選択してください。「Bundle Identifier」とMember Centerで登録したBundle IDが一致していれば、「Provisioning Profile」「Signing Certificate」が自動的に設定されます。なお、ここで表示されている「Bundle Identifier」の値は、Ionicプロジェクト`src/config.xml`の2行目で設定した`id`の値です。

正常に値が設定されましたら、メニューバーの「Product」から「Archive」「Upload to App Store...」をクリックし、iTunesConnectにデータを送信してください。iTunesConnectにデータが反映されるまで10分程度かかります。

続いて、iTunesConnectでアプリ申請の準備をします。「バージョンまたはプラットフォーム」から「iOS」を選択して申請するバージョンを決定ください。そうすると、そのバージョンのスクリーンショットの登録や概要などの入力欄が出てくるので、それらを全部埋めます。iTunesConnectにアプリデータが反映されると、「ビルド」という項目から先ほど送信したアプリを選択することができます。

用意ができましたら、保存した後、「審査へ提出」をクリックしてください。暗号化の有無や広告IDなどを聞かれますが、これらの実装を行っていない場合は「いいえ」にチェックをつけて「送信」をクリックしたらアプリ申請は完了します。

リジェクトについて

App Storeは審査が厳しく、アプリ開発・申請に慣れた人でもほぼ一度はリジェクトを受けることで有名です。Web上で「一般的なアプリケーションの却下理由」が公開されています。ぜひご覧ください。

URL https://developer.apple.com/app-store/review/rejections/jp/

一貫した方針として「ユーザに価値を提供しないアプリ」はリジェクトされます。iOSにデフォルトで搭載されている電卓アプリや、すでにApp Storeで公開されているアプリとそっくりそのままのアプリも却下されるので、ぜひあなたのプロダクトはどのような価値をユーザに提供するのかお考えください。

リジェクトされた場合、問題解決センター（Resolution Center）に却下された理由が書かれたメッセージが届きます。英語で書かれているので確認だけして放置しがちですが、「次はこうやって直します!」と返信すると、修正箇所が明らかであるため、次回のリジェクト率は下がります。ぜひメッセージを利用してレビュアーとコミュニケーションをとってください。

SECTION-025

Google Playでのアプリリリース

Androidアプリは、iOSアプリよりも比較的楽にリリースすることができます。こちらについても一連の作業をご紹介しますが、詳しくは検索してください。

リリース作業

iOSアプリ同様に、AndroidアプリでもGoogle Playで表示するアイコンとスクリーンショットが必要となります。また、ヘッダー画像も必要なので、事前に用意するようにしましょう。

▶ Google Play Consoleに登録

Google Playでアプリを公開するためには、**Google Play Console**への開発者登録が必要です。こちらは$25(約3000円)の登録料のみで利用することができます。次のURLにアクセスし、開発者登録するGoogleアカウントでログイン・決済してください。

URL https://play.google.com/apps/publish/signup

決済が終わると、アカウント詳細の入力・登録を行います。

▶ アプリの作成

アプリの作成をします。Google Play Consoleにログインし、右上の「アプリの作成」をクリックしてアプリタイトルを入力してアプリを作成します。

そうすると、「ストアの掲載情報」の入力画面に遷移しますので詳細を入力し、続いて左メニューから「コンテンツのレーティング」「価格と販売/配布地域」の設定を行います。

設定が完了したら、アプリをアップロードします。`ionic cordova build android --prod`コマンドでコンパイルしたIonicプロジェクトをAndroid Studioから開きます。

メニューバーの「Build」から「Generated Signed APK...」をクリックして、ビルド画面を開きます。

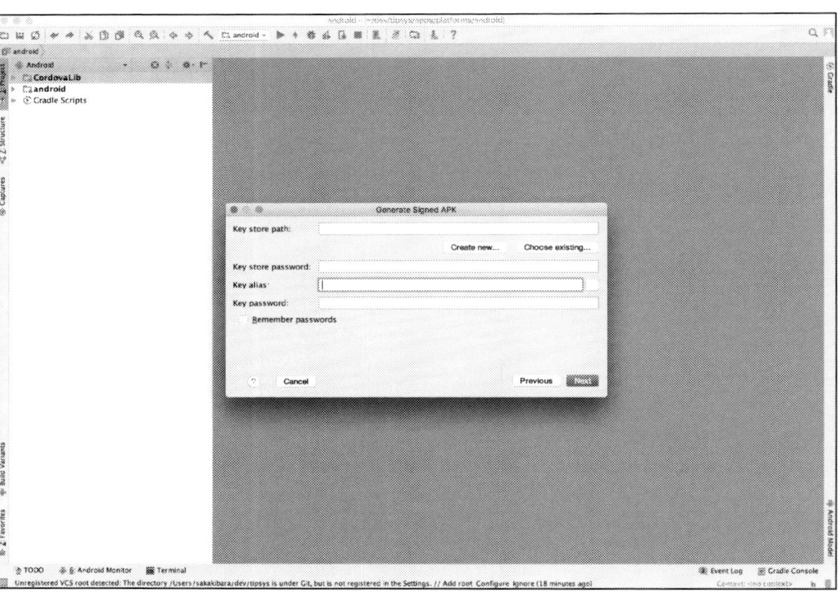

Androidアプリをリリースするためには、プロジェクトをAndroidアプリの規格であるAPKファイルにコンパイルして、その後、APKファイルに署名をつける必要があります。署名していないアプリは配布することができませんし、アプリのバージョンアップ時に署名が前バージョンと異なる場合もバージョンアップができません。はじめて署名するときは、「Created new」ボタンから署名ファイルを作成してください(作成した署名ファイルは必ず紛失しないように厳重に保管してください)。

署名ファイルを選択して「Next」をクリックしたら、署名つきAPKファイルをどこに出力するか設定できます。デフォルトでは、Ionicプロジェクトの`platforms/android/android-release.apk`に生成されます。このAPKファイルをGoogle Play Consoleの「アプリのリリース」からアップロードして公開すると1〜3時間程度で公開されます。

なお、AppStoreと異なり事前審査はありません。

リジェクトについて

Google Play Consoleでは、事前審査はありませんが、規約違反の場合は後から配信が停止されます。「商標権侵害の可能性で配信停止」ということが多いようです。

App Storeと異なり日本語でリジェクト理由が届くので、心当たりがなければその旨ご返信ください。なお、リジェクトが繰り返された場合、アカウントの停止処分を受けることもあるので注意してください。「Google Play リジェクト」で検索すると傾向と対策についていろいろ紹介されているので、一度ご確認することをおすすめします。

SECTION-026

Ionicの使いどころ

アプリ制作にはさまざまなツールがあります。Webアプリだけであれば**Angular**や**React**などのフレームワークを使って（UIは**Bootstrap**などを採用して）開発することができます。iOSアプリでは**Objective-C**、**Swift**、Androidアプリでは**Java**、**Kotlin**がネイティブ言語として、どの選択肢よりもハイパフォーマンスで開発することができます。iOSとAndroidをワンソースで開発するツールにも、**C++**で書く**Xamarin**、**JavaScript**で書く**React Native**などがあり、挙げだしたらきりがありません。Ionicも選択肢の1つに過ぎません。

Ionicが向かないケース

たとえば、iOSアプリのみをリリースするためにIonicは中途半端です。どれだけIonicがよくても、iOS上で動かす以上、ネイティブ言語であるSwiftのパフォーマンスと安定性にはかないません。

iOSアプリ、Androidアプリの同時展開でも数十人のチームで取り組むならIonicを選ばずに、それぞれのネイティブ言語で書いたほうがいい場合もあるでしょう。

Ionicが活躍するケース

逆に、次のような場合はIonicが活躍します。

- HTMLを書ける人が、はじめてのアプリ開発にチャレンジ
- 1-3人程度の少人数チームで、Web、iOSアプリ、Androidアプリの同時展開
- Webアプリを公開しニーズ調査したのち、iOS/Androidアプリを検討
- ユーザテストを繰り返しながら実装のPDCAサイクルをまわす
- デザインレビューのために、スマホ上で実際に動くモックアップをつくる

Ionicは、特に小さなプロダクト初期の仮説検証レイヤーで大きな力を発揮します。逆に仕様がしっかり決まった大きなプロダクトであったり、既存プロジェクトのリプレイス案件には向いていないことがほとんどです。また、広告ブロックアプリのような他のアプリを操作するアプリ、全面表示せずに小さく常駐するようなランチャー型アプリにも向いていません。

逆に、次のようなアプリは少ない工数で仮説検証を繰り返すことができ、Ionicでの開発に向いています。

- メディアアプリ
- ソーシャル・ネットワーキング・サービス
- カルテなどの顧客情報管理
- 受付や商品発注アプリ

Ionicは、すべてを解決する魔法の杖ではありません。ぜひ「Ionicの使いどころ」を考えながらご利用いただければと思います。

APPENDIX

Ionic CLIと開発支援サービス

SECTION-027

Ionic CLIの一覧

ここでは、Ionic CLIのコマンドを紹介します。

グローバルコマンド

グローバルコマンドは、Ionicのプロジェクトに依存せずに実行できるコマンドです。

コマンド	概要
ionic config	「ionic config get」でCLIの設定を見ることができ、「ionic config set」を使うと設定の変更をすることができる。npmをyarnに変更したりすることができるが、通常は利用しない
ionic docs	ブラウザを自動的に立ち上げ、公式ドキュメント(https://ionicframework.com/docs/api/)を表示する
ionic info	CLIやNode.js、OSのバージョンを表示する。Ionicのプロジェクトフォルダ内で実行すると、より詳細なデータを表示する
ionic ssh	SSH Keyの設定を行う。Ionic Proで使用
ionic login	Ionic Dashboard(https://dashboard.ionicjs.com)というサービスをCLIでも利用できるように、ユーザートークンを取得する
ionic signup	Ionic Dashboardでアカウントを作成する
ionic start	Ionicのプロジェクトを新規に作成する
ionic telemetry	Ionicが行う利用情報(IPアドレスやOSのバージョン)の収集のオン/オフを設定できる

ローカルコマンド

ローカルコマンドは、Ionicのプロジェクトに依存して実行するコマンドです。このコマンドはプロジェクトディレクトリ外では実行できません。

コマンド	概要
ionic build	プロジェクトをPWA向けにビルドする
ionic cordova	Ionic CLIを通してCordovaを操作する。多くの場合は「ionic cordova build」コマンドを使い、スマホアプリ向けにビルドする
ionic doctor	プロジェクトのステータスチェックする。古いプラグインを使っている場合には自動アップデートなど
ionic generate	プロジェクトに「page」や「provider」などの、任意のファイル群を生成する
ionic git	「Ionic Git」を利用することができる。Ionic Proで使用
ionic link	アプリをiOS／Anroid端末で共有するためのIonic Viewというサービスとプロジェクトを紐づける。非公開にする場合は有料
ionic monitoring	エラーのモニタリングを行う。Ionic Proで使用
ionic serve	アプリの開発、テスト用にローカルのdevサーバーを起動する。ライブプレビューを行いながら開発するときに使う

SECTION-028

Ionic Dashboard/Ionic Pro

Ionic Proは、Ionic社によるオンラインのIonic構築支援サービスで、**Ionic Dashboard**上で利用できます。代表的なサービスをどのように使うかを見ていきます。

アカウントの作成

Ionic Proを使うためにはアカウントが必要です。次のURLにアクセスしてアカウントを作成します。

URL https://dashboard.ionicjs.com/signup

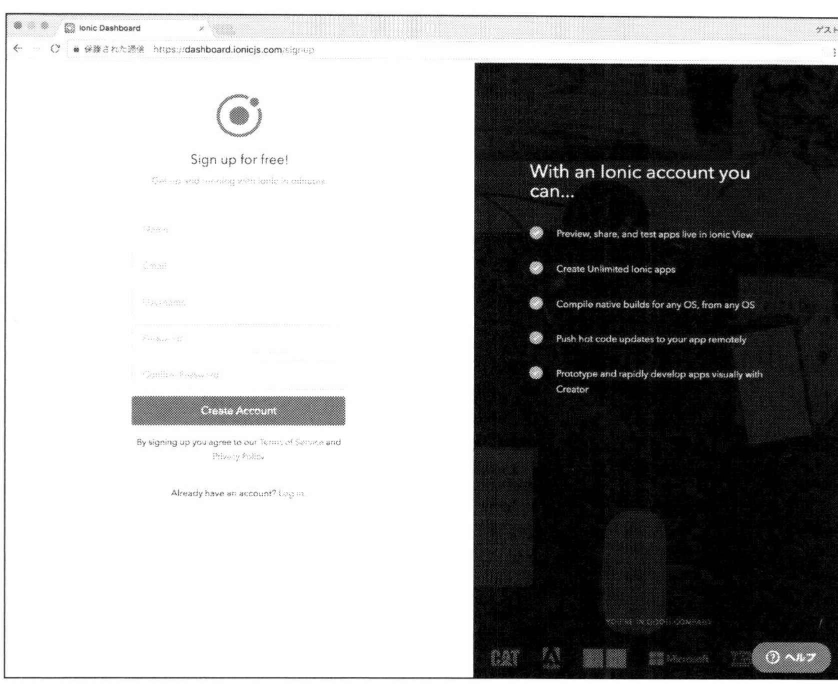

氏名、メールアドレス、ユーザーネーム、パスワードを入力して「Create Account」をクリックします。次にIonic Proの利用プラン選択画面が表示されます。

◉利用プラン選択画面

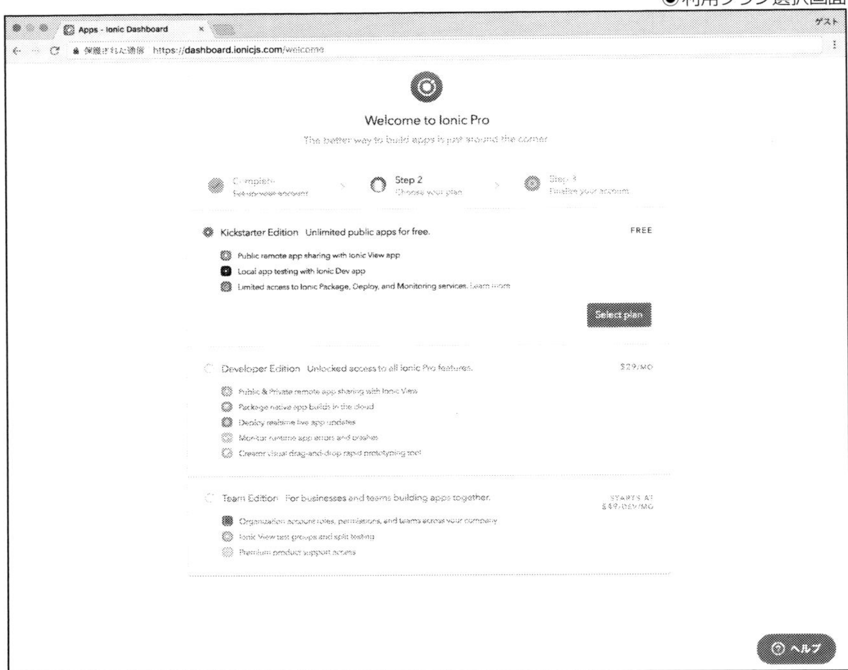

月29ドルでほぼすべての機能が使える「Developer Edition」がデフォルトになっていますが、まずは無料で使える「Kickstarter Edition」を選択します。左のラジオボタンで選択してから、「Select plan」をクリックしてください。

そうすると、「Please verify your email address」（メールアドレスを認証ください）というタイトルでメールが届きますので、「Verify your email」をクリックしてメールアドレスの認証を行います。これで、Ionic Proのアカウントが作成できました。

次に、Ionic CLIに作成したアカウントを登録します。コマンドラインを開いて、`ionic login`コマンドを入力ください。すると次のような文言が表示されるので、Ionic Proのアカウント作成の際に登録したメールアドレス・パスワードを入力して実行してください。

```
Log into your Ionic account
If you don't have one yet, create yours by running: ionic signup


? Email:
```

もし正確なメールアドレス・パスワードを入力しても赤字のエラーが返ってくる場合は、`ionic config set -g backend pro`コマンドを実行してから再度、試してみてください（CLIのアクセス先を、旧サービス「Ionic Cloud」から「Ionic Pro」に切り替えています）。

ログインに成功すると、「`[OK] You are logged in!`」と表示された後、`ionic ssh setup`が自動的に実行されます。

```
? How would you like to connect to Ionic Pro? (Use arrow keys)
❯ Automatically setup new a SSH key pair for Ionic Pro
  Use an existing SSH key pair
  Skip for now
  Ignore this prompt forever
```

これはIonic Proに、ローカルのIonicプロジェクトを紐づけるためのものです。`Automatically setup new a SSH key pair for Ionic Pro`を選択し、実行します。

```
You will be prompted to provide a passphrase, which is used to protect your private key
should you lose it. (If someone
has your private key, they can impersonate you!) Passphrases are recommended, but not
required.
Enter passphrase (empty for no passphrase):
```

SSH keyのパスフレーズを聞かれます。設定する必要はないので、そのままEnterキーを押してください。「`Enter same passphrase again:`」に対してもそのままEnterキーを押してください。

続いて「`? May we make the above change(s) to ...`」と聞かれるので「`Y`」を入力して実行してください。以上であなたのパソコンとIonic Proの紐づけも完了しました。なお、このコマンドは非破壊的なものですので、すでにさまざまなサービスでSSHを登録している場合も問題なく利用できます。

実機でライブプレビューできる「Ionic DevApp」

Ionic DevAppは、`ionic serve`コマンドをより強力にするiOS/Androidアプリです。Ionic DevAppを利用すると、パソコンのブラウザだけではなく、実機でもライブリロードを反映することができます。Ionic DevAppのデモはYouTubeでみることができます(動画内は英語です)。

URL https://youtu.be/tbTo6OfAJcc?t=39s

Ionic DevAppを利用するためには、App Store/Google Playで、「Ionic DevApp」を検索してインストールする必要があります。

●Ionic DevApp(App Store)

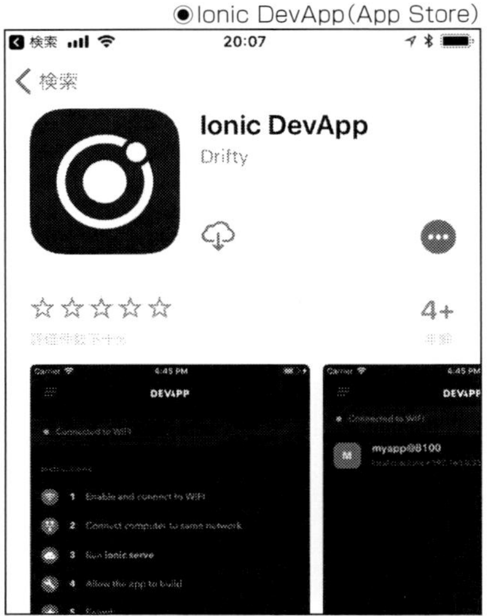

●Ionic DevApp(Google Play)

インストール後、Ionic DevAppを起動すると、ログインが求められます。先ほど作成したIonic Proのアカウントでログインください。

●ログイン画面

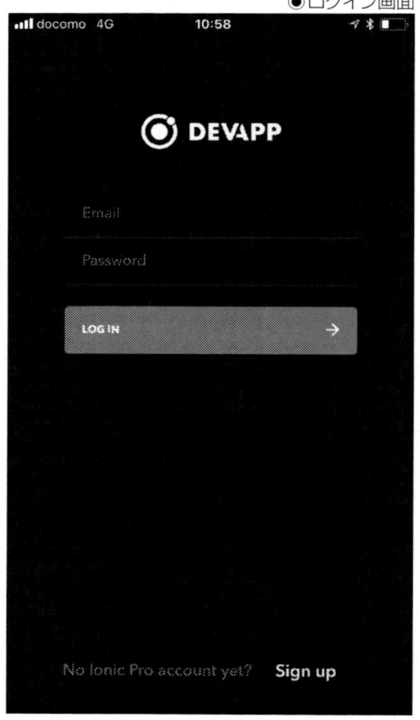

●待機画面

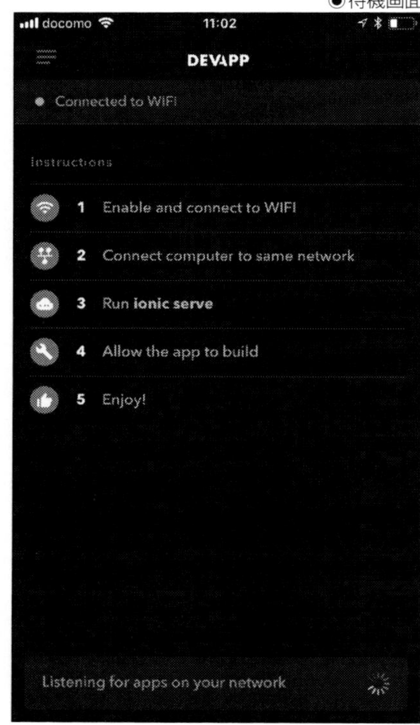

ログインすると、待機画面になるのでパソコンのコマンドラインから`ionic serve`コマンドを実行します。自動的に、Ionic DevAppが同一の無線LANでつながっているパソコンで`ionic serve`コマンドが実行されているものを検知し、実行されているアプリがIonic DevAppにも表示され、選択すると実機でもアプリが実行されます。ブラウザ上でのライブプレビューと同様にアプリに変更を加えると自動的に更新されるので、より本番に近い形で開発を進めることができます。

なお、公衆無線LANであったりプロキシがかかっている社内無線LANなどでは、利用できないことがあるので注意してください。また、Ionic Native(Cordovaプラグイン)のすべてはサポートされていません。次のURLでサポートされているかどうかを確認して利用してください。

URL https://ionicframework.com/docs/pro/view.html#plugin-support

審査なしにアプリを配布できる「Ionic View」

スマホアプリを開発しても、App Store/Google Playで配布するためには有料ライセンスと審査を受ける必要があります。そこで、より容易にスマホアプリを配布するために、**Ionic View**というIonicプロジェクトを実機で実行することができるアプリをIonic社がリリースしています。

Ionic Viewでアプリを配布するためには、Ionic Dashboard上でアプリを作成する必要があります。「App Name」にアプリ名を入力して「Create app」をクリックします。

●Create a new app

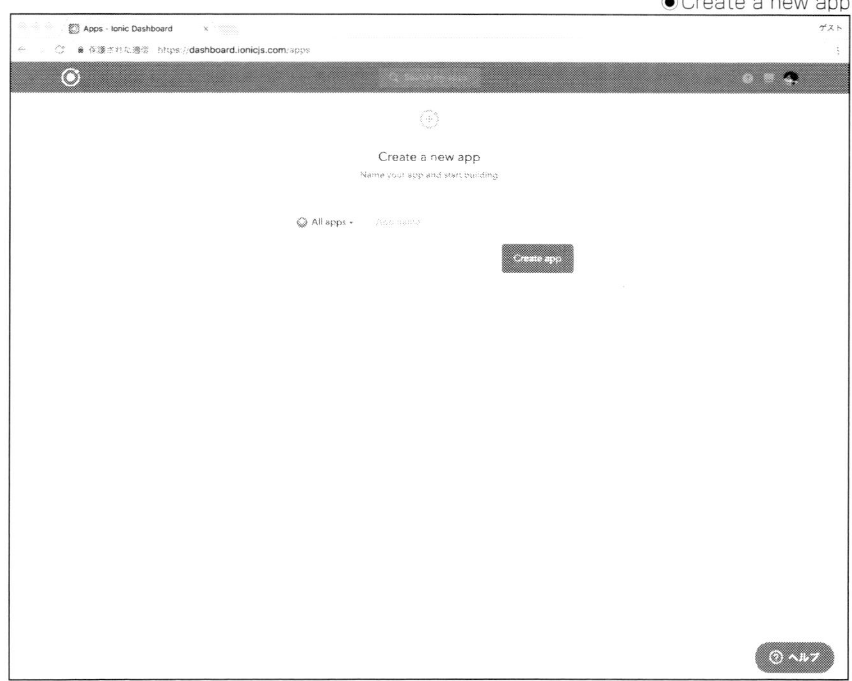

そうすると、アプリのモニタリングやユーザからのフィードバックの管理を行うことができる管理画面が表示されます。トップページに表示されている「Connect your app」では、Ionic Dashboard上のアプリとローカルのIonicプロジェクトを紐づける方法、コードをアップロードする方法がそれぞれ書かれています。

●新規プロジェクトと紐づけるコマンド

```
$ ionic start --pro-id【アプリID】
```

●既存のIonicプロジェクトと紐づけるコマンド

```
$ ionic link --pro-id【アプリID】
```

●コードをアップロードするコマンド

```
git push ionic master
```

プロジェクトと紐づけてコードをアップロードしたら、アプリをIonic Viewで公開します。「Channels」を選択して「Master」ブランチをクリックします。そうすると、コードのアップロード履歴が表示されるので、「SETTINGS」を選択して「Make public」をクリックします。これで公開完了です。

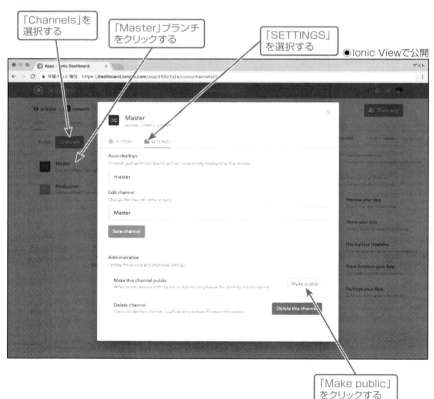

「Channels」を選択する

「Master」ブランチをクリックする

「SETTINGS」を選択する

●Ionic Viewで公開

「Make public」をクリックする

なお、Ionic Dashboardのアプリ画面右上にある「Share app」をクリックした後、「PUBLIC VIEW APP」タブをクリックすると、公開しているアプリのバージョン(コミット)とアプリIDを確認することができます。ただし、Ionic DevAppと同様に一部のIonic Nativeはサポートされていません。

▶ 実機でアプリを実行する

実機で実行するためには、まずApp Store/Google Playで「Ionic View」を検索してインストールします。Ionic Viewは旧バージョンと新バージョンの2種類があり、白い背景のアイコンは利用することはできません。青い背景のアイコンのアプリをインストールしてください。

●Ionic View(App Store)

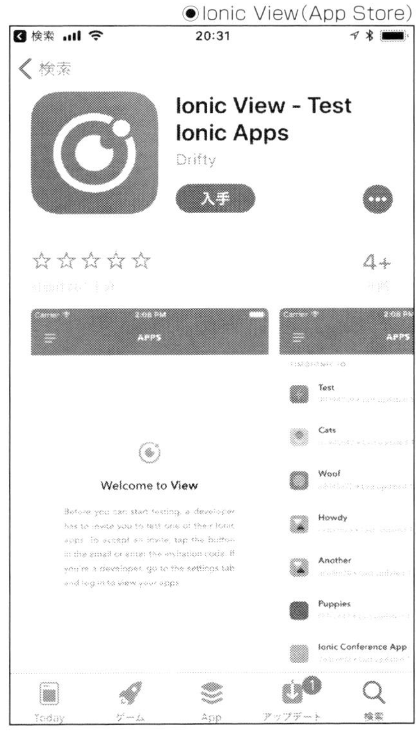

●Ionic View(Google Play)

アプリを起動したら目のタブを選択します。入力欄に先ほどのアプリIDを入力し、「VIEW APP」を実行します。アプリのダウンロードがはじまり、自動的に実行されます。なお、シェイクするとアプリの終了ダイヤログを表示することができます。

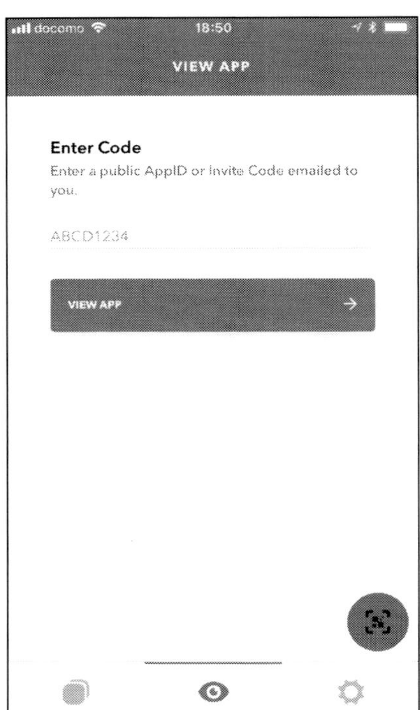

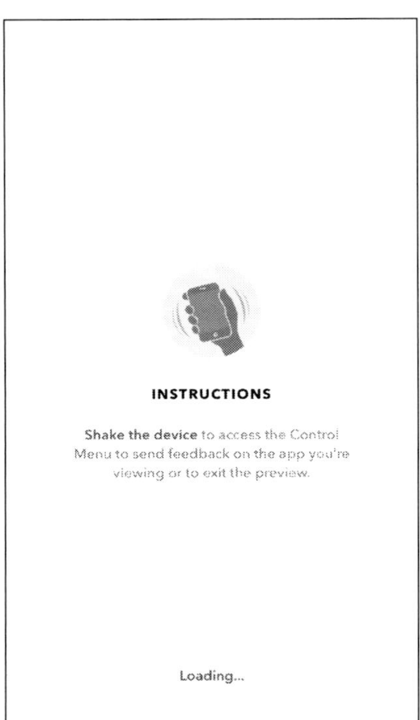

その他のサービス

紹介したサービス以外にも、GUIを使ってドラッグ&ドロップでアプリを組み立てるIonic Creator、クラッシュ情報などを監視するIonic Monitor、ビルドとデプロイを支援するIonic DeployとIonic Packageが有料サービスとして提供されています。また、Ionic Hostingというホスティングサービスの提供も予定されています。

URL https://ionicframework.com/docs/pro/

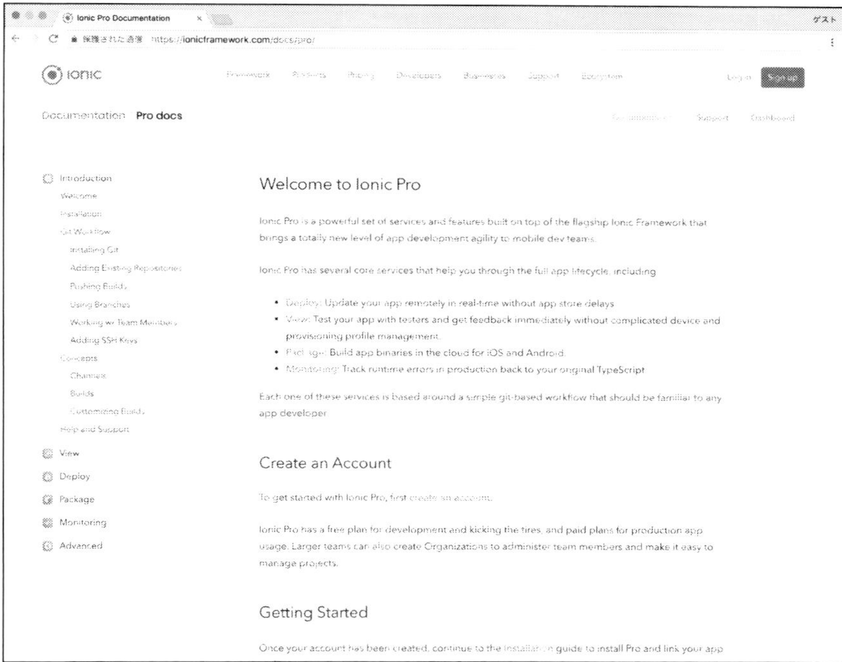

Ionic Proを利用しなくても十分にアプリを作成することができますが、ぜひ使いこなしてより効率的なアプリ作成・運用を目指してください。

コミュニティに参加しよう

誰もが「1行のコードの間違いに気づくのに、1週間かかった」を体験します。しかし、その試行錯誤をやり通すにはつらいことが多く、途中で挫折してしまった、という話もよく耳にします。その原因は、多くの場合「ひとりで開発しているから」です。そこで、自宅で書籍を進めるだけではなく、Ionicを進める仲間と共に開発を進めてもらえればと思います。

▶イベントで仲間づくり

不定期ではありますが、Connpass(https://connpass.com/)というIT勉強会支援プラットフォームを利用して、Ionicのミートアップイベントなどを開催しています。Ionicの開発に慣れている方だけではなく、使い始めたばかりの方、まだ使ったことのない方も参加しておりますので、ぜひ日程があえばお気軽にご参加ください。

- Ionic Japanの主催するイベント

  URL https://ionic-jp.connpass.com

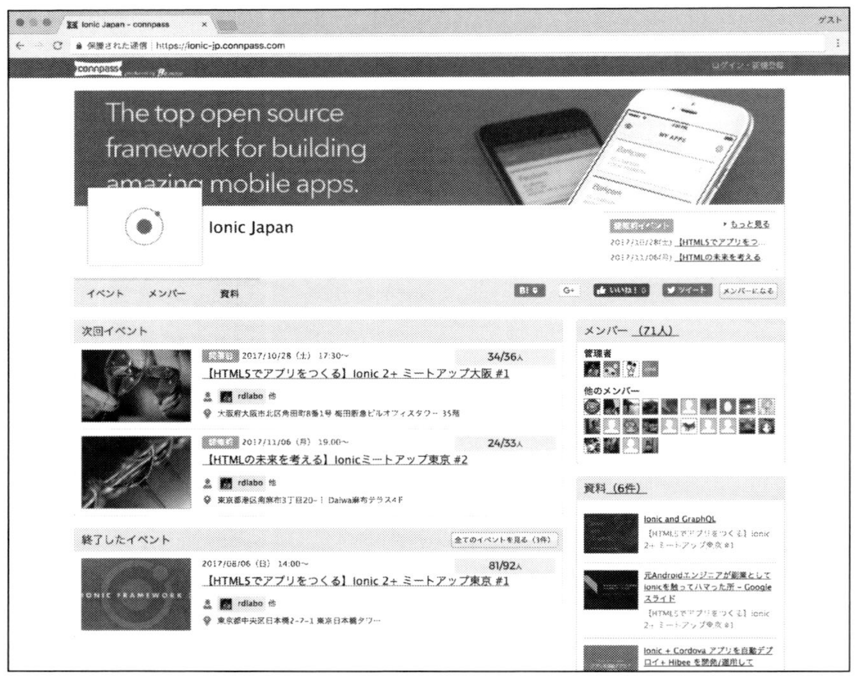

▶ Slackで知見の共有

ネット上では「Slack」というコミュニケーションツールを使って、質問があれば、わかる方が答える知見の共有の場を運営しております。Ionicのバージョンアップ時の注意点などもここで共有していますので、ぜひご利用ください。

下記のURLから自動招待メールを受け取ってご参加ください。

- Ionic JapanのSlackチーム

URL https://ionic2-ja.herokuapp.com

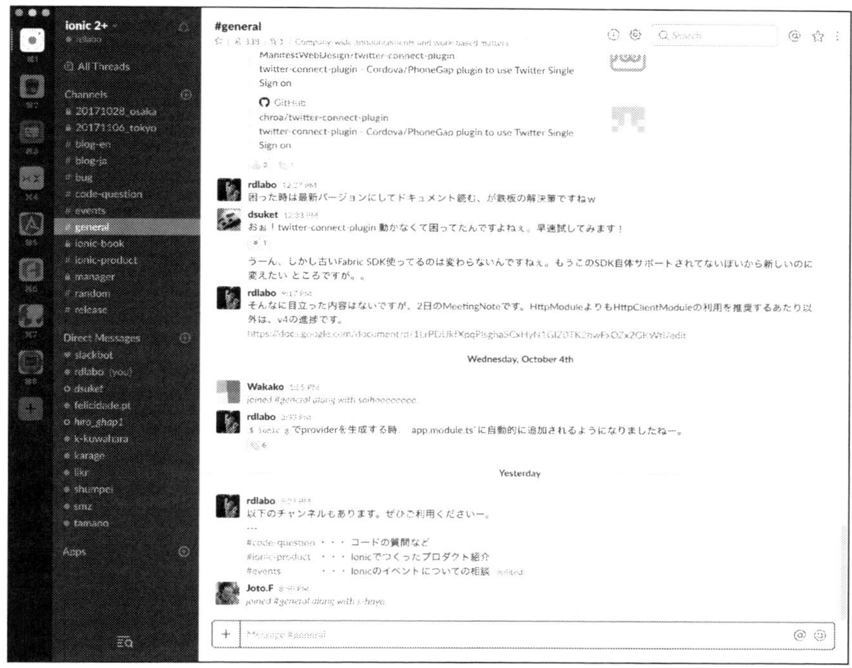

さらにIonicを使いこなすための資料

本書では、Ionicを使う上でごくごく基本的な内容を追ってきました。最後に、さらにIonicを使いこなすために参考になる資料をご紹介します。

▶ 公式ドキュメント

Ionicの最新情報はすべてここにあります。最初は英語でとっつきにくい点もあると思いますが、公式ドキュメントを使いこなせるか否かで大きくプロダクトの品質は変わります。ぜひ本書で紹介した内容に留まらずに、公式ドキュメントに目を通していただければと思います。

- 公式ドキュメント

URL http://ionicframework.com/docs/

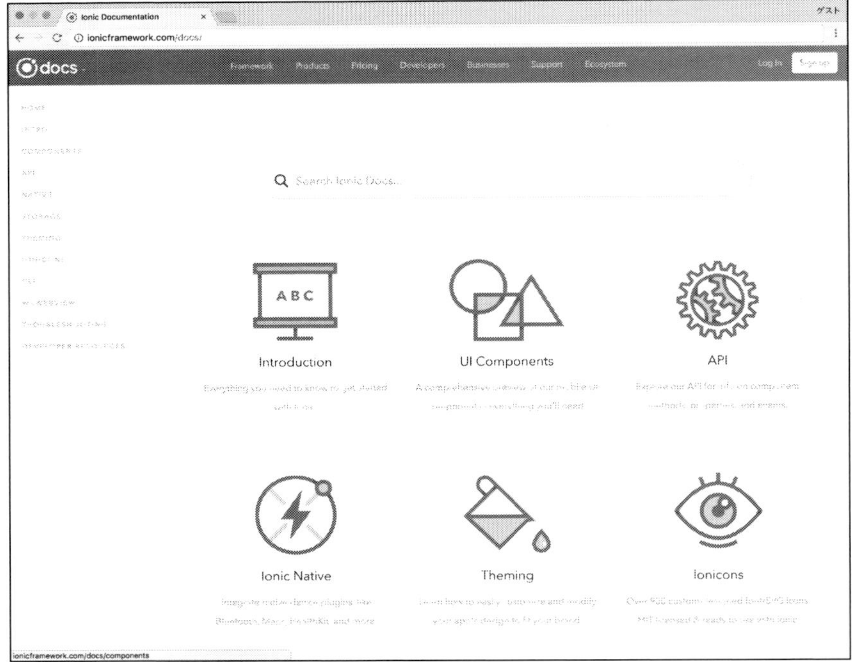

▶ Angular関連の書籍

Ionicは、Google社がつくったアプリケーションフレームワーク「Angular」の上にできていることを本書内でご紹介しました。UIコンポーネントやCordovaなどはIonicオリジナルですが、@ComponentやProviderなどはAngularのAPIを利用しており、Angularについての知識を深めるとIonicをより高度に扱うことができるようになります。

『Angularデベロッパーズガイド』(インプレス刊／ISBN978-4-29500-257-4)はとても丁寧に最新のAngularの使い方について書かれているので、次の一歩を目指す方はぜひご一読ください。

謝辞

本書執筆は、2017年8月に東京で開催した「Ionic 2+ ミートアップ東京 #1」がきっかけでした。懇親会では「これからのWebとアプリ開発を変えるIonicを日本でどう広めるか」「技術書典(技術書即売会)に出したらどう?」「もう申込締切終わってるけど」といったハートフル(?)な会話が繰り広げられ、答えがでないまま明け方まで飲み明かし、帰路につくために私は新幹線に乗り込みました。

車内でTwitterをながめていると、「Ionic 2+ ミートアップ東京 #1」にご参加いただいていた湊川あい様(@llminatoll)の「わかばちゃんが行くオフィス訪問マンガ」(https://codeiq.jp/magazine/2016/11/46648/)のツイートが目に入りました。

懇親会で「書きましょうよ」「日本語情報でまとめましょう」と言われ続けたこともあり、その場でツイートにリアクションしたところ、C&R研究所からご連絡いただき、そこから本書執筆につながりました。湊川あい様、きっかけをいただきましてありがとうございます。

「テクニカルチェック」という名目で文面の校正までいただきました桑原 聖仁様(株式会社ゆめみ)、丁寧に表現のご確認をいただきました高岡 大介様(株式会社オープンウェブ・テクノロジー)、自分の締切もあるのに確認いただいた尾上 洋介様(京都大学)、本当にありがとうございました。

また、いきなり呼び出して目の前でチュートリアルをしてくださった神野 春奈様(株式会社デイアライブ)、平野 正樹様(株式会社tech vein)には感謝の念にたえません。

本当にありがとうございました。

INDEX

記号

A・B・C・D

E・G・H・I

J・K・L・N

P・R・S・T

U・V・W・X

あ行

か行

さ行

た行

は行

ま行

や行

ら行

■著者紹介

榊原（さかきばら）　**昌彦**（まさひこ）　大学院卒業後、一般社団法人リレーションデザイン研究所立ち上げ。その後、まちづくりの産業化を目指す一般社団法人エリア・イノベーション・アライアンスにも参画し、全国のまちづくりの現場に携わる。まちづくりの現場では、高付加価値や効率化ではなく、ボランティアや補助金に頼って事業を成立させているところが多いことに気づき、事業の構造的転換を図りWebを導入。それ以降、事業で用いるWebアプリやシステムの開発を行っている。
他、Ionic Japan User Group 代表、合同会社ねこもり 特別講師。

■レビュアー
桑原 聖仁（株式会社ゆめみ）／高岡 大介（株式会社オープンウェブ・テクノロジー）／尾上 洋介（京都大学）／神野 春奈（株式会社デイアライブ）／平野 正樹（株式会社tech vein）

編集担当：吉成明久

Ionicで作る モバイルアプリ制作入門
Web/iPhone/Android対応

2018年1月31日　初版発行

著　者　榊原昌彦
発行者　池田武人
発行所　株式会社　シーアンドアール研究所
新潟県新潟市北区西名目所4083-6（〒950-3122）
電話　025-259-4293　FAX　025-258-2801

ISBN978-4-86354-236-5 C3055